Intraseasonal Variation of the East Asian Summer Monsoon Regulated by the ENSO Cycle

ENSO 循环背景下
东亚夏季风的季节内变化

薛　峰　苏同华　著

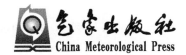

气象出版社
China Meteorological Press

内 容 简 介

本书系统地论述了 ENSO 循环背景下东亚夏季风的季节内变化,包括东亚夏季风季节内变化的基本特征以及 ENSO 循环不同位相下东亚夏季风的季节内变化。作者在此基础上,选取典型个例分析了不同 ENSO 位相和强度背景下东亚夏季风的季节内变化,揭示了 ENSO 和其他因子对东亚夏季风季节内变化的影响机理和过程,据此提出了东亚夏季风的季节内预测的基本内容和思路。

本书可供从事东亚季风研究和预测的业务人员和科研院所相关专业的师生参考。

图书在版编目(CIP)数据

ENSO 循环背景下东亚夏季风的季节内变化 / 薛峰,
苏同华著. — 北京 : 气象出版社,2018.8
ISBN 978-7-5029-6797-0

Ⅰ.①E… Ⅱ.①薛… ②苏… Ⅲ.①东亚季风-夏季风-研究 Ⅳ.①P425.4

中国版本图书馆 CIP 数据核字(2018)第 153306 号

ENSO Xunhuan Beijingxia Dongya Xiajifeng De Jijienei Bianhua
ENSO 循环背景下东亚夏季风的季节内变化
薛 峰 苏同华 著

出版发行:气象出版社
地 址:北京市海淀区中关村南大街 46 号 邮政编码:100081
电 话:010-68407112(总编室) 010-68408042(发行部)
网 址:http://www.qxcbs.com **E-mail**: qxcbs@cma.gov.cn
责任编辑:隋珂珂 李太宇 终 审:吴晓鹏
责任校对:王丽梅 责任技编:赵相宁
封面设计:博雅思企划
印 刷:北京中石油彩色印刷有限公司
开 本:787 mm×1092 mm 1/16 印 张:7.625
字 数:200 千字
版 次:2018 年 8 月第 1 版 印 次:2018 年 8 月第 1 次印刷
定 价:40.00 元

序

　　著名的天气气候动力分析专家薛峰研究员来找我，带着厚薄适度的一叠书稿，嘱我为之作序，以便出版。我急披阅之，越读越津津有味，无论书的内容、叙述方法和笔调，都深深吸引了我，深为叹服，我从中也学到了很多东西，于是欣然遵其所嘱，而为之写序。

　　东亚季风是气象学者永恒的研究课题，不仅因其本身是饶有兴趣的科学问题，更因为其对东亚乃至世界文明的产生和发展、我国及周边各国的国计民生以及可持续发展等都有很重要的影响。由于20世纪末以来世界气象观测系统的重大进步，使得资料有了非常大的扩充，且由于计算能力的提高从而使资料处理分析能力得到非常大的提升，近二三十年来关于东亚季风的研究及天气气候预报有了很大的提高，验证了以往认识的是和非，更有了不少新的发现和发明（认识）。本书就是针对这许多新鉴定、新发现和新认识进行总结，以便引导未来的研究工作方向和气象业务应用，例如，提高有关的天气和气候预测水平，这是非常及时、非常有益的。

　　对于东亚季风研究，大多指的是夏季风研究，而把冬季风划入冷空气活动的中高纬大气环流范围。因此，本书连同书名都专注于东亚夏季风。从多年统计平均的气候学概念意义上来说，东亚夏季风的特征是很鲜明的，包括夏季风的来临时间、撤退时间，以及在季风期内气流及其内禀特性（如热湿状况）和降水量等沿空间的分布、随时间的变化特征等。这些固然有统计平均的状况，更有年际变化，即逐年不同，这才是我们更需要认识掌握的，而成为短期气候预测、中期和延伸期天气预测的对象。显然，这些既由于区内状况变化，也由于区外因子如大气、海洋状态对区内的影响所造成。现在可以明确肯定的是ENSO循环的影响以及受暖湿气流的上源（尤其是西太平洋的暖池状态、印度洋状态及其更上游的马斯克林高压和澳大利亚冷高压）与上游北方冷空气的影响。有些已经大体清楚，有些尚在探索之中。本书就是专门就这些季内变化及其受ENSO调制等的研究成果进行总结，其中有许多更是作者团队探求所得。本书勾画精髓，论述简明扼要，剖析入妙，条理分明，推理严谨，既精辟，又很易懂。如不是用力甚勤，学问有素，功夫到家，钻研到练达地步的学者，是难于做到的。

　　作者特别重视典型示范的方法，本书第2章至第9章就选取典型个例，就El Niño和La Niña年份按其强度和演变阶段（位相）的不同逐一揭示东亚夏季风期内的特征的鲜明差异。由于是典型和鲜明的差异，无疑能引人入胜，印象深刻，且更具启发性，有利引导后来研究者和应用者的思路，继续深入探索，我很欣赏和赞许这种方法。

　　总之，本书从内容到研究方法和论述方法，都是一本难得的好书。谨写我的读后感如上，权作一序，供读者参考和批评指正。

曾庆存[*]

2018 年 4 月

---

* 曾庆存：中国科学院院士

著名的天气气候动力分析专家薛峰研究员来找我，带着厚厚一叠的一叠书稿，嘱我为之作序，以便出版。我急披阅之，越读越津津有味，无论书的内容、方法和笔调，都深深吸引了我，深为叹服。于是欣然道其所嘱，遂为之写序。（我从中也学到了许多东西。）

东亚季风是气象学者永恒的研究课题，不仅因其本身是饶有兴趣的科学问题，更因为其对世界东亚乃至区域的产生和发展，我国及广大周边各国的国计民生以及可持续发展等都有很重要的影响。由于上世纪末以来世界气象观测系统的重大进步，使得资料有了非常大的扩充，且由于计算能力从而资料处理分析能力的非常大的提升，近二三十年来关于东亚季风的研究和及天气气候预报有了很大的提高，验证了以往认识的是和非，更有了不少新的发现和发明（认识）。本书就是针对这许多新鉴定、新发现和新认识进行总结，以便引导未来的研究方向和气象业务应用，例如提高有关的天气和气候预测水平。这是非常及时、非常有益的。

对于东亚季风研究，大多指的是夏季风研究，而把冬季风划入冷空气活动和中高纬大气环流范围。因此，本书连同书名都专注于东亚夏季风。

从多年统计平均的气候学观念来说，东亚夏季风(意义上)
的特征是很鲜明的，包括季风期的来临时间，撤
退时间，以及在季风期内气流及其内禀特性（如
热温状况）和降水量步沿空间的分布和随时间
的变化的特征等。这些固然有统计平均的状
况，又有年际变化，即逐年不同，这才是我们更需
认识掌握的，而成为短期气候预测~~长期~~中
期和延伸期天气预测的对象。显然，这些既由
于区内状况变化，也由于区外因子如大气、海洋状
态对区内的影响而造成。现在可以确肯定的
是 ENSO 循环的影响，以及受暖湿气流的上
游（尤其是西太的暖池状态，和印度洋状态~~及其夏上游的马苏查林与在~~（奥大利亚冷
与在）与北方冷空气上游的影响。有些已经
大体清楚，有些尚在探索之中。本书就是专就
这些季内变化及其受 ENSO 调制等的研究成果
进行总结，其中有许多又是作者团队探求所得。本
书钩画精髓，论述简明扼要，剖析入妙，条理分
明，推理严谨，既精辟，又很易懂。如不是用力甚
勤，学问有素，功夫到家，慣研国外练达地步的学者，
是难于做到的。

作者特别重视典型示范的方法。本书第二章至第
d章，就选取典型个例，沈 ELNINO 和 LANINO 年

份按其强度和演变阶段(位相)的不同逐一揭示东亚夏季风期内的特征的鲜明差异，由于是典型和鲜明的差异，无疑是能引人入胜，印象深印，且更具启发性，有利引导未来研究者和应用者的思路，继续深入探索。我很欣赏和赞许这种方法。

总之，本书从内容和研究方法和论述方法，都是一本难得的好书。谨写我的读后感如上，聊充一序，供读者参考和批评指正。

曾庆存

二〇一八年四月

前　言

东亚夏季风具有显著的季节内变化,并直接影响到东亚地区夏季降水的分布,主要特征表现为西太平洋副热带高压(以下简称副高)和雨带的两次"北跳":第一次北跳在 6 月中旬,华南前汛期结束,我国长江流域到日本的梅雨开始;第二次北跳在 7 月中下旬,梅雨结束,东亚地区由初夏进入以高温、高湿为主要特征的盛夏期。ENSO 是热带海气耦合系统最强的年际变化信号,对东亚夏季风的季节内变化有重要影响。在 ENSO 循环的不同位相,东亚夏季风季节内变化也有所不同。在 El Niño 衰减年夏季,西太平洋副高偏西偏强,长江流域多雨;在 El Niño 发展年和 La Niña 年夏季,副高偏东偏弱。因此,东亚夏季风在 ENSO 循环过程中呈现出显著的年际变化。另一方面,东亚夏季风的季节进程还影响到其本身对 ENSO 信号的响应,特别是由于西太平洋暖池对流在盛夏期的增强,东亚夏季风更易受到 ENSO 信号的影响。

本书基于近几十年多种再分析资料和观测资料,系统分析了 ENSO 循环过程中东亚夏季风的季节内变化过程及其机理。与以前季风研究专著不同的是,本书侧重于具体年份之间的相互比较分析。目前,统计模型和气候系统动力学模式已经得到很大发展,但这些理想模式终归只是真实大气在某种程度上的近似,并不能完全反映实际大气变化,因而个例分析仍然有其必要性。书中依据 ENSO 循环的位相和强度,选取两个典型的年份做比较分析,根据其共性和差异来揭示 ENSO 对东亚夏季风的影响以及其他因子的影响,从东亚夏季风的季节内演变过程深入剖析其年际变化的机理,据此提出了东亚夏季风季节内预测的基本内容。全书分为10 章,第 1 章简介东亚夏季风的季节内变化特征,第 2 章基于合成分析结果论述 ENSO 循环不同位相时东亚夏季风的季节内变化,第 3 章到第 9 章为个例比较和分析,最后 1 章为总结和展望。

感谢曾庆存先生为本书作序。在我博士毕业后对未来研究方向还在彷徨之时,曾先生有关季风的新工作给我深刻印象,于是我开始了季风研究,时光荏苒,于今已逾 20 年矣。本书是在作者近 20 年潜心研究基础上撰写而成,书中研究成果也反映了曾先生有关季风研究的思想和方法。感谢本书合著者苏同华博士在中国科学院大气物理研究所期间与我的合作研究,特别是他的博士论文为本书第 1 章提供了基本素材。感谢气象出版社李太宇编审对本书出版给予的热情帮助和支持。

本书出版得到国家自然科学基金(批准号:41475052、41630530 和 41405056)的资助,特此致谢。限于作者学识水平,书中难免存在错误,请读者诸君不吝批评指正。

薛峰

2018 年 3 月

Intraseasonal Variation of the East Asian Summer Monsoon Regulated by the ENSO Cycle
By XUE Feng and SU Tonghua

Abstract

This book is devoted to the intraseasonal variation of the East Asian summer monsoon (EASM) regulated by El Niño and southern oscillation (ENSO). Different from previous books, this book focuses on case studies in which the cases are selected based on the phase and intensity of ENSO. It consists of 10 chapters, Chapter 1 describes the basic features of the EASM intraseasonal variation, Chapter 2 describes the EASM intraseasonal variation in the different phases of ENSO based on the composite results. From Chapter 3 to Chapter 9, some typical cases are analyzed in more detail. Finally, summary and related issues are given in Chapter 10. Some major results in the book are highlighted in the following.

The EASM assumes a significant intraseasonal variation, characterized by two northward jumps of the western Pacific subtropical high (WPSH) and rain-belt. The first jump begins in mid-June, signaling the onset of Meiyu period from Yangtze River basin to Japan. With the end of Meiyu and the start of late summer period in East Asia, the second jump occurs in late July when the EASM migrates to its most northern position. Usually, the northward jumps are accompanied by an east-west oscillation of the WPSH. After the second jump, the WPSH retreats to the south of Japan with sharply reduced intensity. Accordingly, the EASM shifts from Meiyu period to the late summer, which is characterized by high temperature and humidity. The similarity and normalized finite temporal variation of wind field in East Asia further indicate that there exhibits a different circulation pattern between Meiyu and late summer period. Therefore, the transition from the early summer to the late summer is the major pattern for the EASM intraseasonal variation. The EASM can simply be divided into two periods, i. e, Meiyu and late summer. During the late summer period, in particular, the enhancement of the warm pool convection makes the EASM more sensitive to the external factors such as ENSO.

Instead of a local phenomenon, the EASM intraseasonal variation is closely linked to the whole Asian monsoon system including the Southern Hemisphere circulation. In particular, the enhancement of the Mascarene high and Australian high can induce the development of convection in South China Sea and warm pool region by intensifying the westerly to the west of South China Sea and the cross-equatorial flow to the north of Australia, respectively. While the first WPSH jump is mainly influenced by the South China Sea convection, the second jump is induced by the combined effects of the warm pool convection and high latitude circulation. Since the Southern Hemisphere circulation plays a leading role in the tropical convection, it is useful to the prediction of the EASM intraseasonal variation.

The EASM intraseasonal variation is modulated by the ENSO cycle, through the circulation anomaly excited by the tropical convection development over higher sea surface temperature (SST) regions. During the different phase of ENSO, however, there is a great discrepancy for the process and mechanism. In El Niño developing summer, a cyclonic anomaly appears in the western Pacific through a Gill-type response due to a higher SST anomaly in the central and eastern Pacific, resulting in an eastward retreat of the WPSH. In the decaying summer, convection in the western Pacific is largely suppressed by the eastward propagation of Kelvin waves originating from the enhancement of convection in the tropical Indian Ocean with a higher SST, thereby inducing an anticyclonic anomaly in the western Pacific which further leads to a westward extension of the WPSH. In some years, the tropical North Atlantic SST anomaly also plays a role. In La Niña years, the WPSH tends to retreat eastward with weak intensity due to a local convection development in the western Pacific with a higher SST. It is also noted that, the influence of ENSO is closely related with the seasonal march in East Asia. In El Niño developing and decaying summer, the influence is synchronous with the seasonal march, with the maximum anomaly in August. However, the maximum anomaly in La Niña years is found in July. As a result, the seasonal march is accelerated in East Asia with an earlier start of the late summer. Therefore, the EASM response to the ENSO signal is more distinct in the late summer period. By comparing the WPSH in the above three phases, the strongest anomaly is found in El Niño decaying summer, the next is in La Niña years, and the weakest one appears in the developing summer. Finally, the influence of ENSO is related with its intensity and SST anomaly over some key oceanic regions such as tropical Indian Ocean, tropical North Atlantic Ocean, South China Sea and warm pool (Chapter 3 to Chapter 9).

The WPSH exhibits a pronounced east-west oscillation which is related with the intraseasonal oscillation of warm pool convection and some other factors outside of this region. There is an intraseasonal oscillation due to the interactions between warm pool convection and local SST. A positive SST anomaly results in an enhanced convection, inducing a cyclonic anomaly in the western Pacific and eastward retreat of the WPSH. A further development of convection tends to reduce the local SST, in turn, convection is conversely suppressed, leading to an anticyclonic anomaly, and the WPSH tends to intensify and extend westward again. As a result, there is an east-west oscillation for the WPSH. This is a negative process which is often seen in the years with a weak ENSO signal, such in 1995 and 2003 (Chapter 4). Besides, enhanced convection in the tropical Indian Ocean may excite a Kelvin wave propagating eastward, leading to suppressed convection and an anticyclonic anomaly in the western Pacific. Hence, the WPSH tends to extend westward. This case often occurs when the tropical Indian Ocean is warmer, such in 1998 and 1980 (Chapter 3 and Chapter 8).

Moreover, there often appears a northerly anomaly in East Asia associated with the high latitude circulation change in Eurasia. The WPSH tends to retreat eastward due to a cold advection anomaly, such in August 2016 (Chapter 3), June 1995 (Chapter 4), June 1997 (Chapter 5) and July 1980 (Chapter 8). Similarly, when Australian high is stronger, the enhanced cross-equatorial flow near Indonesia can also induce the development of warm pool convection, leading to an eastward retreat of the WPSH, such in June 1997 (Chapter 5) and August 1981 (Chapter 9). Usually, the east-west oscillation of the WPSH is accompanied with the separation and reunification, which is often seen in the late summer, such in August 2016 (Chapter 3), August 1989 (Chapter 6) and July 1990 (Chapter 8). In fact, the WPSH intraseasonal variation exhibits a very complex pattern because many factors intertwine together.

The EASM anomaly is also represented by a persistent WPSH anomaly. One is a persistent anomaly during the whole summer (June to August), another persists in one month. The former is related with the tropical SST anomaly forcing, and occurs when two factors are coincident. For example, a persistent anomaly in 1998 is related with a positive SST anomaly in the tropical Indian Ocean and tropical North Atlantic Ocean (Chapter 3). The combined effects of a warmer SST in the tropical Indian Ocean and the Southern Hemisphere circulation lead to the WPSH anomaly in 1980 (Chapter 8). It should be emphasized that, when the ENSO signal is weak, the WPSH may maintain an anomaly for up to one month, which is also related with the combined effects of two factors. For example, the weak WPSH in August 1981 is related with the enhanced convection in the warm pool caused by the northerly anomaly from high latitude and stronger cross-equatorial flow. On the contrary, a stronger WPSH in August 2013 brings about a sustained high temperature in the Yangtze River basin. In both abnormal cases, there shows a consistent relationship among the warm pool convection, the lower level circulation and the WPSH. The enhanced (suppressed) convection corresponds to a cyclonic (anticyclonic) anomaly in the western Pacific and eastward retreat (westward extension) of the WPSH. It is therefore necessary to pay attention to the combined effects of two major impacting factors when predicting the persistent anomaly of the EASM.

目　　录

第 1 章 东亚夏季风及其季节内变化

1.1 东亚夏季风的季节内变化

季风是指大范围盛行风向随季节交替有明显变化以及与此相关的干湿和冷暖变化,因此季风又有冬季风和夏季风之别。在东亚地区,冬季风源自欧亚大陆高纬度地区,而夏季风则源自热带海洋,东亚季风从冬到夏的季节变化主要表现为对流层低层偏北风和偏南风的转换,这与印度季风的东西风转换有所不同。由于东亚冬季风和夏季风的源地不同,冬季寒冷干燥,多寒潮大风,而夏季则潮湿闷热,暴雨频发。在从冬到夏的季节循环过程中,东亚大陆及其相邻地区表现出鲜明的季风气候特色(曾庆存等,1998)。

除季节变化外,东亚夏季风还具有显著的季节内变化。需要说明的是,这里所指的季节内变化是一个较为宽泛的时间尺度,约为 10~90 天,即介于天气尺度和季节尺度之间,比通常所指的延伸期更长,其中也包括常用的月平均,所以书中常用候平均以去除天气尺度的扰动从而突出季节内变化。我国气象学家很早就认识到东亚夏季风季节内变化的重要意义,竺可桢(1934)指出东亚夏季风具有"其来也渐,其退也速"的基本特征。涂长望和黄士松(1944)发现夏季风在北进过程中有两次明显的北跳。其后的研究进一步确认了东亚夏季风雨带存在两次北进和三次停滞,并与西太平洋副热带高压(简称副高)的变化有关。5 月底到 6 月上旬雨带位于华南地区,为华南前汛期;6 月中旬副高发生第一次北跳,雨带位于我国江淮流域到日本一带,为江淮梅雨期;7 月下旬副高第二次北跳,其主体东退到日本南部,雨带位于我国华北和东北地区(Tao et al.,1987)。副高的两次北跳决定了雨带的北进和停滞,是东亚夏季风季节内变化的重要特征(苏同华等,2010)。

本章基于最新的再分析资料来描述东亚夏季风的季节内变化,所用资料为 1979—2013 年的气候平均,资料说明见附录。图 1.1 为东亚季风区(取 110°~130°E 平均)候平均降水量的时间一纬度剖面图。由图可见,东亚地区存在两条明显的雨带,其中一条在热带地区,雨量较大。在夏季期间,雨量呈现 20~30 天的振荡,在 7 月中下旬雨量增大并突然向北推进了 2~3 个纬度。另外一条在 20°N 以北,雨量较热带明显偏低,随夏季风季节进程逐渐向北推进,在此过程中雨量逐渐减弱。另外,雨带在北进过程中存在两次明显的北跳,第一次是在 6 月中下旬,从 27°N 北跳到 30°N,第二次在 7 月中下旬,从 32°N 北跳到 37°N。与第一次相比,第二次北跳幅度更为显著,在北跳过程中 6 mm/d 雨量等值线发生明显的断裂。在两次北跳之间,雨带也在逐渐北移,但幅度较小,该时期即为我国长江流域至日本一带的梅雨期,这与 Tao 和 Chen(1987)所确定的梅雨起止日期(6 月 18 日至 7 月 18 日)基本一致。第二次北跳之后,华北和东北雨季开始,但维持时间较短,即民间俗称的"七下八上"时期。在此期间,东亚夏季风推进到其最北位置,同时江淮流域雨量明显减少,进入伏旱期,而华南地区多台风活动,雨量较梅雨期增多。8 月上旬后,雨带快速南撤,其中 6 mm/d 等值线南退到 25°N 以南,5 mm/d 等值线南撤相对较慢,8 月中旬维持在 35°N,8 月底也南撤到 25°N 以南。与夏季风的北进相比,其撤退过程要明显偏快,不足 1 个月从其最北位置撤退到长江以南地区。此外,如果仔细比较南北两条雨带的变化,还可以发现热带降水中心的形成时间要略早于副热带雨带的北跳,大约偏早 1 候,这在雨带第二次北跳中更为明显,表明热带降水变化对副热带地区有明显影响。

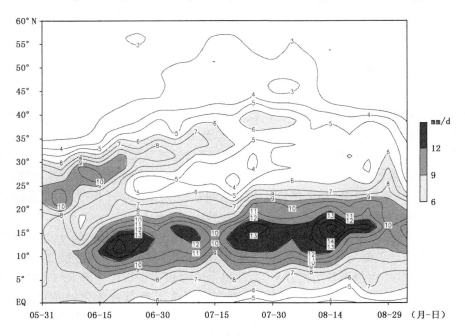

图 1.1　110°～130°E 平均降水量的纬度—时间剖面图
(单位:mm/d),阴影区为大于 6 mm/d 的区域

西太平洋副高是东亚夏季风的主要环流系统。为描述副高的季节内变化,这里采用赵振国等(1999)定义的三个指数,具体定义如下:(1)取 110°～150°E 范围内副高脊线与每隔 1°的经线交点的平均纬度值定义为脊线指数;(2)取 90°～180°E 范围内 5880 gpm 等值线最西位置所在的经度定义为西伸脊点指数;(3)在 1°×1°网格的 500 hPa 平均环流图上,(110°～180°E,5°～45°N)范围内 5880 gpm 等值线内网格点数定义为面积指数。

图 1.2 为副高三个指数随时间的变化。与东亚夏季风雨带的北进一致,副高在 6—7 月处于持续北进的过程,但进入 8 月后则呈现出明显的南北振荡(图 1.2a)。此外,副高在 6—7 月有两次明显的北跳,第一次北跳约在 6 月中旬,北跳 2 个纬度,第二次北跳在 7 月中下旬,北跳 6 个纬度,但持续时间较第一次明显偏长。在北进的同时,副高的西伸脊点也呈现出显著的变化(图 1.2b)。在第一次北跳之前,副高有一次短暂的西伸,随后大致在 120°E 附近振荡,但振荡幅度不大。第二次北跳期间,副高急剧东退到 126°E 以东,并呈现大幅度振荡。与副高的脊线和西伸点变化一致,副高的面积指数也呈现显著的季节内变化(图 1.2c)。副高在 6 月初开始逐渐增强,在 6 月 30 日达到最强,随后缓慢减弱。但在 7 月 20 日之后,随着副高大幅度东退,其强度开始急剧减弱,振荡也更为显著。比较副高的三个指数可以发现一个共同特征,即北跳的同时伴随着减弱东退。不过两次北跳还是有较大不同,第二次北跳较第一次要更为显

著。第一次北跳时,副高强度变化不大,而第二次北跳后,副高强度则明显减弱。同时,副高第一次北跳前有一次明显的西伸过程,前后差了 5 个经度。但副高第二次北跳时,类似的现象并不明显,反而是副高北跳之后才明显西伸,西伸近 10 个经度。因此,副高的季节内变化主要表现为两次北跳,特别是副高第二次北跳之后,副高和雨带均到达其最北位置,东亚夏季风也达到其鼎盛时期。

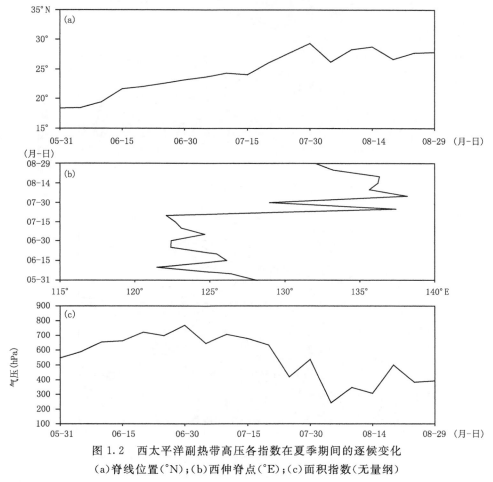

图 1.2　西太平洋副热带高压各指数在夏季期间的逐候变化
(a)脊线位置(°N);(b)西伸脊点(°E);(c)面积指数(无量纲)

上述分析表明,副高的变化与雨带有密切关系。图 1.3 为第 34 候(6 月 15—19 日)和第 41 候(7 月 20—24 日)东亚地区降雨量和副高,分别代表梅雨开始和结束的时间。在 34 候,副高第一次北跳后,其主体位于台湾以东洋面,副高的南部和北部各有一条雨带,热带雨带从中南半岛向东延伸到日界线,副热带雨带从长江以南沿东北方向延伸至日本东部。需要注意的是,由于梅雨期刚开始,雨量较大的区域位于长江以南和日本南部,之后随着副高北进,雨带也逐步北移。到第 41 候,副高发生第二次北跳,梅雨期结束,副高西端占据江南地区,长江流域进入伏旱期。随着副高北进,热带和副热带雨带均明显北移,热带雨带北移较少但雨量明显增大,原来的副热带雨带北移到中国北方,雨量较之前减弱,并在黄河下游、朝鲜半岛和日本东部洋面形成三个区域降雨中心。因此,在东亚夏季风盛行期间,东亚降雨的主要特征表现为环绕副高的两条雨带,副高的季节内变化特别是南北移动和东西进退对降雨变化有重要影响。

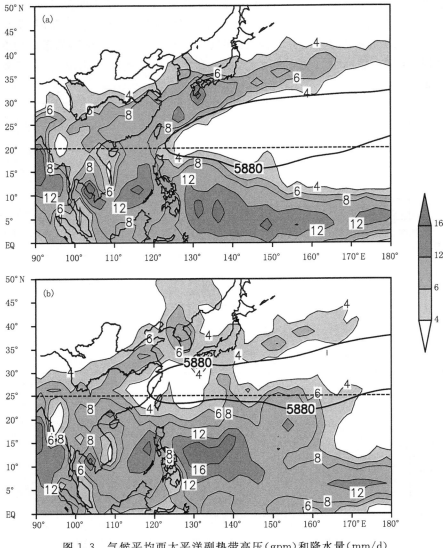

图 1.3　气候平均西太平洋副热带高压(gpm)和降水量(mm/d)

(a)第 34 候;(b)第 41 候

曾庆存等(2005)提出相似度和变差度来描述大气环流的相似程度和变化,相似度的物理含义表示环流场在变化过程中前后两个时期的相似程度,而变差度表示风场的变化程度,其值越大,表示变化强度越强,具体计算公式如下:

(1)相似度

给定一个时刻 t 和一个一定的时段 τ_r^*,计算 F 在时间段 $[t-\tau_r^*,t)$ 和 $(t,t+\tau_r^*]$ 中的某种平均值,分别记为 $\bar{F}_b(t)$ 和 $\bar{F}_a(t)$,并分别作前后期的平均:

$$F^*(t)=(\bar{F}_a+\bar{F}_b)/2$$

则相似度为:

$$R_{ab}(t) = \frac{(\bar{F}_a(t), \bar{F}_b(t))}{\|\bar{F}_a(t)\| \cdot \|\bar{F}_b(t)\|}$$

其中：$-1 \leqslant R_{ab} \leqslant 1$，$R_{ab}$ 取最小值的日期 t_r 即为突变日。实际计算中，τ_r^* 一般取 30 天。

（2）变差度

$$d_{(t)}^2 = \frac{\|F_1 - F_2\|^2}{\|F_1\|^2 + \|F_2\|^2}$$

时刻 $t = (t_1 + t_2)/2$，$\tau_d = t_2 - t_1$，τ_d 一般取 5 天。易知：$0 \leqslant d^2 \leqslant 2$，若 F 无变化，则 $d^2 = 0$；若 F 前后时刻完全相反，则 $d^2 = 2$。在计算之前，先对各变量作 5 天滑动平均。

为进一步揭示东亚夏季风环流的季节内变化，图 1.4 给出东亚地区平均 850 hPa 风场相似度 R_{ab} 的变化。大致以 7 月 16 日为分界点，前后两个时期相似度处于两个不同的范围，前期基本维持在 0.8～0.95 之间，而后期则降低到 0.7 以下，说明前期环流较为稳定，而后期变化则非常剧烈。此外，在 6 月 16 日和 7 月 24 日，相似度有两个极小值，对应于副高的两次北跳。在 8 月份，相似度从 0.65 持续降低到 0.55，这从副高指数的变化中也可以反映出来（图 1.2）。总体上看，东亚夏季风环流有显著的季节内变化，特别是副高第二次北跳之后，东亚地区呈现出两种不同的环流形态，这是东亚夏季风季节内变化的主导模态。为方便起见，我们将前期和后期分别称为梅雨期和盛夏期。

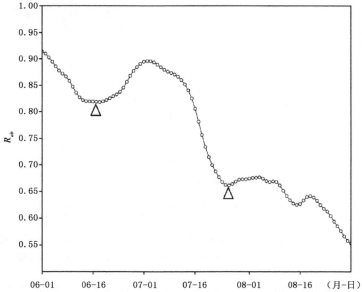

图 1.4　850 hPa 东亚地区（110°～140°E，20°～45°N）区域平均风场相似度（R_{ab}）随时间的变化。三角形符号所指的是副高北跳阶段 R_{ab} 所达到的极小值

1.2　东亚夏季风季节内突变及其成因

上一节的分析表明，东亚夏季风存在明显的季节内突变，主要表现为副高和雨带的北跳。从两条雨带的演变来看，热带的变化要略早于副热带。由于热带雨带的形成主要与对流变化有关，本节将从热带对流的变化开始来分析季节内突变的成因。这里我们取 15°N 向外长波

辐射(OLR，outgoing longwave radiation)表示西太平洋暖池对流，同时给出降水以做比较。图 1.5 为候平均 OLR 和降水的经度—时间剖面，由于热带地区降水以对流性降水为主，OLR 和降水的分布大体一致。在中国南海和菲律宾以东的暖池地区(110°～150°E)存在一条低于 220 W/m² 的深对流带，降水量超过 10 mm/d，以东地区 OLR 逐渐增大，对流减弱，降水量亦随之减弱。该对流带随夏季季节进程逐渐增强，并有两次明显的增强和东扩的过程。在第 34 候(6 月 15—19 日)，南海地区 OLR 值低于 210 W/m²，降水量超过 12 mm/d，并开始东扩。到第 40 候(7 月 15—19 日)，南海 OLR 值降低到 200 W/m²，降水量超过 12 mm/d，OLR 200 W/m² 和降水量 10 mm/d 等值线大幅度东扩到 150°E。同时，菲律宾以东形成两个低于 200 W/m² 的深对流中心，对应的降水量也开始超过南海地区。因此，东亚夏季风的两次季节内突变是与西太平洋暖池地区对流的季节内变化联系在一起的，其中第一次突变主要与南海对流的增强有关，而第二次除了南海对流增强之外，主要还表现为深对流的大幅度向东扩展。比较两次对流的变化，第二次较第一次更为显著，这与副高的两次北跳过程是一致的。

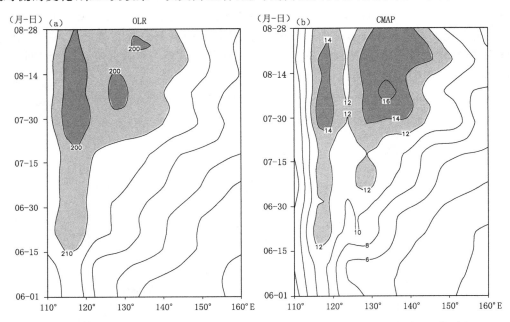

图 1.5　沿 15°N 候平均向外长波辐射(a，W/m²)和降水量(b，mm/d)的经度—时间剖面，
阴影区表示 OLR 低于 210 W/m² 或降水量超过 12 mm/d 的区域

　　热带对流的变化能引起环流场的变化，图 1.6 为副高两次北跳期间 850 hPa 层风场候际间的差异。在副高北跳之前的第 33 候(6 月 10—14 日)，由于 Rossby 波东传，高纬度环流有一次明显的变化过程，贝加尔湖以东和阿留申群岛以南的反气旋环流增强，库页岛以东的气旋环流增强，造成西伯利亚东部北风加强并经日本海和朝鲜半岛到达江淮地区，为副高的北跳和梅雨的建立提供了动力条件。此外，华南到台湾以东洋面反气旋环流加强，对应于副高一次短暂的西伸(图 1.2b)。到第 34 候(6 月 15—19 日)，由于南海对流增强的影响(图 1.5)，热带西太平洋地区气旋环流增强，日本以南反气旋环流增强，由此造成副高北跳并西伸，江淮梅雨的环流得以建立并发展(图 1.2 和图 1.3)。

　　在副高第二次北跳期间，南海对流进一步加强并明显向东扩展(图 1.5)。从第 40 候(7 月

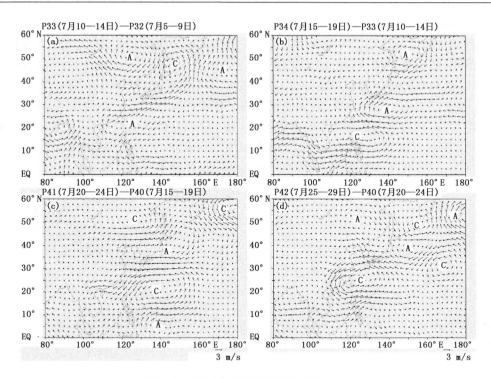

图 1.6　850 hPa 风场候际差（单位：m/s）

(a)第 33 候与第 32 候风场之差；(b)第 34 候与第 33 候风场之差；(c)第 41 候与第 40 候风场之差；(d)第 42 候
与第 41 候风场之差。图中 A 代表反气旋式环流差异，C 代表气旋式环流差异

15—19 日)到第 41 候(7 月 20—24 日)（图 1.6c），台湾以东洋面气旋环流显著加强，而日本附近
反气旋环流增强，由此造成梅雨结束，这与 Ueda 等 (1995)的研究结果一致。高纬度环流变化也
较为明显，贝加尔湖以东和阿留申群岛附近气旋环流加强。从第 41 候(7 月 20—24 日)到第 42
候(7 月 25—29 日)（图 1.6d），由于南海对流加深并急剧东扩，低纬度气旋环流继续增强并向西
北方向移动，其中心从 20°N 北移到 25°N，仅 1 个候时间便北移 5 个纬度。日本及江淮流域偏东
风逐步增强，华南和江淮地区偏南风明显减弱，表明西南夏季风环流减弱，东南夏季风开始盛行，
东亚地区从梅雨期转变到盛夏期。日本附近反气旋环流继续增强，而高纬度地区环流则呈现与
图 1.6c 相反的变化，贝加尔湖以东和阿留申群岛附近气旋环流增强，这与副高第一次北跳时的
情况有所不同。

在副高第二次北跳期间，暖池地区向东北方向传播的 Rossby 波列与高纬度地区东传的
Rossby 波具有位相锁定的特征（图 1.6c 和图 1.6d），但这种特征在副高第一次北跳过程中则
不明显。这是因为 6 月中旬副高尚处于较低纬度，副高北跳主要受热带对流的影响。到了 7
月下旬，副高北移到较高纬度，易于受到高纬度环流变化影响，同时热带对流进一步加强向东
北方向扩展，二者的共同作用造成副高急剧东退北跳，强度也明显减弱（图 1.2），这与 Susiki
and Hoskins(2009)分析日本梅雨结束的机制是类似的。

上述分析表明，东亚夏季风的季节内突变受到几个区域环流变化的影响，包括高纬度地区
以及南海和菲律宾以东的暖池地区。为进一步揭示这些区域环流变化的区别和联系，我们计
算了各区域的风场变差度。图 1.7 为东亚(110°～140°E，20°～45°N)、高纬度(110°～140°E，

45°～60°N)、南海(110°～120°E,5°～20°N)和暖池地区(120°～150°E,5°～20°N)区域平均风场变差度的时间一高度剖面图。图1.7a表明,东亚地区风场的变化大致以7月16日为界,分为两个不同时期,前期变化较弱而后期变化则较强。在6月20日到7月15日之间,风场较为稳定,对应于江淮地区的梅雨期。需要指出的是,在6月上旬平流层环流(50 hPa层)有一次较大的变化,超前于副高的第一次北跳,表明平流层环流变化对低层环流变化有预报意义。副高第二次北跳之后,东亚地区环流呈现出显著变化,有4个明显的变差度中心,大致以10～15天为周期振荡,其中7月20日的中心对应于副高的第二次北跳。与前期环流变化相比,后期变化强烈且深厚,并贯穿整个对流层,但后期平流层环流变化并不显著。

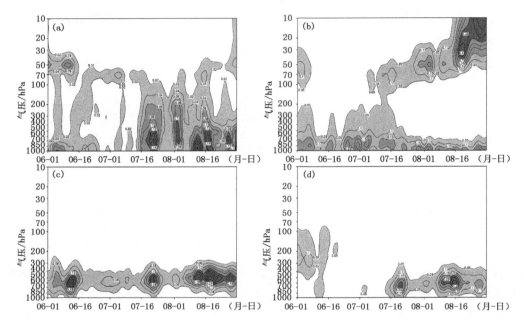

图 1.7   不同区域平均风场变差度(d^2)的高度一时间剖面图

(a)东亚地区(110°～140°E,20°～45°N);(b)高纬地区(110°～140°E,45°～60°N);(c)南海地区
(110°～120°E,5°～20°N);(d)暖池地区(120°～150°E,5°～20°N)。(a)中阴影部分为
$d^2>0.02$ 的区域,(c)中阴影部分为 $d^2>0.03$ 的区域,(b)、(d)图中阴影部分为
$d^2>0.05$ 的区域;单位:无量纲

高纬度环流变化主要集中在 600 hPa 以下(图1.7b),大致以7～15天的周期振荡,这与高纬度地区环流变化以 Rossby 波东传引起的槽脊活动有关。在6月下旬到7月上旬期间,出现三次较强的环流变化,频繁的槽脊活动为长江流域提供冷空气,此时热带环流较为稳定,因而梅雨期的降水主要取决于高纬度环流的变化。梅雨期之后的环流变化与此类似,但主要限于 700 hPa 以下。此外,7月16日之后,对流层环流变化逐渐上传到平流层,8月20日平流层有一个强烈的变化中心,对应于夏季风的衰退。类似于梅雨期的变化,平流层环流变化也可能对夏季风的衰退有一定的预报意义,但二者联系的机理需要进一步研究。

热带环流变化与高纬度环流差异较大(图1.7c 和 d),主要表现在梅雨期和盛夏期的显著差异以及振荡周期的延长。副高第一次北跳前,对应于南海对流的增强,环流场有一次较大的变化,但此时暖池地区变化并不明显。副高第二次北跳期间,南海对流增强并向东扩展(图

1.5),暖池地区环流变化与南海地区大体相似,8 月 20 日有一次显著的变化,另外一次在 8 月中下旬。因此,副高第一次北跳主要受南海地区环流变化的影响,随着南海对流增强并向东扩展到暖池地区,第二次北跳期间的环流变化更强,副高和东亚夏季风环流变化也更为显著。

　　热带对流的变化除夏季季节进程造成暖池地区海温升高以外,还与大气扰动对热带对流的触发作用有关(徐亚梅等,2003)。在北半球夏季,南半球环流变化能够通过越赤道气流影响到热带对流变化并因而影响东亚夏季风的季节内变化(薛峰,2005)。鉴于越赤道气流在 925 hPa 最强(高辉等,2006),图 1.8 给出副高北跳前后 925 hPa 风场候际间的差异。在副高第一次北跳期间(图 1.8a),南印度洋上的马斯克林高压(以下简称马高)增强,引起索马里越赤道气流和热带西风增强,并经阿拉伯海、印度和孟加拉湾到达南海,与南海东部东风汇合并引起低层环流的辐合,触发南海对流(图 1.5a)。在副高第二次北跳期间(图 1.8b),马高也有一次增强过程,但远不及第一次显著,索马里急流和西南夏季风环流也并没有显著增强。但我们同时注意到,马高的增强通过南半球西风带 Rossby 波频散引起下游的澳大利亚高压(以下简称澳高)增强(薛峰等,2005),澳大利亚东部南风增强并经巴布亚新几内亚群岛以东穿越赤道触发暖池对流,但此时菲律宾以东的气旋环流较弱,其后随暖池对流进一步发展(图 1.5a),气旋环流才更为明显(图 1.6c 和 d)。与第一次北跳期间相比,第二次北跳期间南半球环流变化明显超前。因此,东亚夏季风的季节内突变并非孤立的局地现象,而是与整个亚洲夏季风系统包括南半球的环流变化联系在一起的,特别是马高和澳高的变化超前于热带对流和副高的变化,对东亚夏季风的季节内变化有预报意义(薛峰等,2005)。

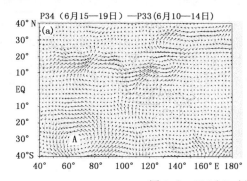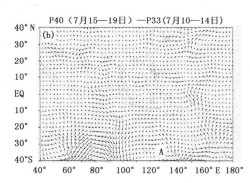

图 1.8　925 hPa 风场候际差(单位:m/s)

(a)第 34 候与第 33 候风场之差;(b)第 40 候与第 39 候风场之差。图中 A 代表反气旋式环流异常

　　以上分析表明,在副高北跳期间,马高和澳高的变化能够分别影响到南海西部的西风和澳大利亚东北部的越赤道气流强度。图 1.9 给出夏季期间二者的时间变化,其中马高和澳高的强度与 Xue 等(2004)的定义类似,但采用的是 925 hPa 位势高度场,以与越赤道气流层次保持一致,马高所取区域为(40°~90°E,25°~35°S),澳高所取区域为 120°~150°E,25°~35°S)。由图 1.9a 可见,马高变化与南海西部西风的变化基本一致,二者相关系数高达 0.87。但在 6 月中旬副高第一次北跳期间,西风增强要较马高明显偏快,这是因为南海地区对流增强后引起气旋性环流增强(图 1.6a 和 b),进而加强了南海西部的西风强度。与马高相比,澳高与其东北部越赤道气流的关系则要复杂许多(图 1.9b)。在北半球夏季的前半程,澳高缓慢减弱,但越赤道气流则呈增强趋势,二者变化趋势相反,但夏季后半程二者均一致减弱。在去除线性趋势之后,二者相关系数达到 0.72,通过了 95% 的信度检验。值得注意的是,7 月中旬和 8 月中

旬,澳高有两次明显的增强过程,对应于越赤道气流的增强,特别是后一次的增强使越赤道气流强度达到最强。因此,澳高能显著影响到其东北部越赤道气流的变化,并通过影响暖池对流活动进一步影响到东亚夏季风的季节内变化。

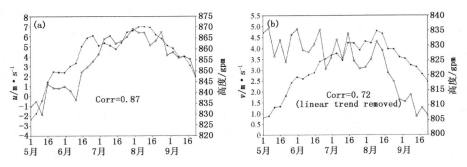

图 1.9　925 hPa 上(a)马斯克林高压(实线)和沿 110°E 取 5°～15°N 平均的纬向风(短虚线)随时间的变化以及(b)澳大利亚高压(实线)和沿赤道取 130°～150°E 平均的经向风(短虚线)随时间的变化。马高取(40°～90°E,25°～35°S)区域平均的位势高度,澳高取(120°～150°E,25°～35°S)区域平均的位势高度;位势高度单位:gpm,风速单位:m/s

1.3　梅雨期和盛夏期的东亚夏季风环流差异

以上分析表明,东亚夏季风的季节内变化主要表现为梅雨期和盛夏期的差异,而梅雨结束和盛夏期开始则与热带对流的变化有关。现以 7 月 19 日为分界点,将夏季分为两个时期,梅雨期为 6 月 1 日—7 月 19 日(或第 31 至第 40 候),盛夏期为 7 月 20 日—8 月 31 日(或第 41 至第 48 候)。需要说明的是,这里的梅雨期只是一个粗略的划分,与通常定义的长江流域梅雨期有所不同(苏同华和薛峰,2010)。图 1.10 为两个时期 OLR 和降水量的差异,菲律宾以东

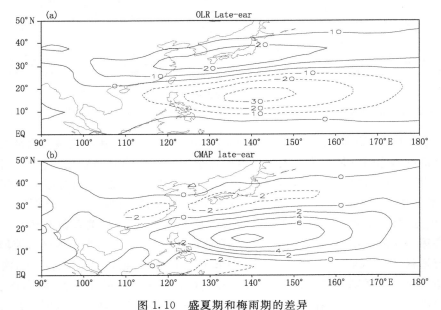

图 1.10　盛夏期和梅雨期的差异
(a)向外长波辐射(W/m²);(b)降水量(mm/d)

OLR 降低,对流增强,而长江下游到日本一带对流减弱。在 35°N 以南地区,降水量变化与 OLR 基本一致,表明降水量可以很好反映对流系统变化情况,因此,在缺少 OLR 资料时,也可以用降水量来代表对流。但在高纬度和较小尺度上二者则有所不同,例如 OLR 变化不能反映出盛夏期东北亚地区降水量增加,菲律宾以东降水量中心较 OLR 中心偏向西南等。

　　由于盛夏期菲律宾以东对流增强的影响,低层流场也发生了显著变化。如图 1.11a 所示,菲律宾以东出现一个显著的气旋性环流,中心位于(135°E,20°N),较对流中心偏向西北(图 1.10),日本东部洋面为一个较弱的反气旋环流,中心位于阿留申群岛以南,这种变化类似于 Nitta(1987)发现的太平洋—日本型遥相关,说明热带对流变化在季节内尺度也可以影响到高纬度环流变化。此外,南海到菲律宾以东西风增强,夏季风环流向东推进到日界线。同时长江以南西南夏季风环流明显减弱,这将导致东亚夏季风和印度夏季风的联系开始减弱。随着西南夏季风环流的减弱,长江流域到日本东部偏东风增强,中国内陆地区为较弱的东南风,东南夏季风开始盛行。上述环流型的变化也说明来自南海的水汽输送开始减弱,来自太平洋的水汽输送开始增强。热带对流的增强使 25°N 地区位势高度降低,以北地区升高,正负变高中心分别位于菲律宾以东和日本北部(图 1.11b)。对应于位势高度场“南降北升”的变化,西太平洋副高北进,主体东退到日本南部,强度急剧减弱,中心位于小笠原群岛,故日本气象界称之为小笠原高压(图 1.11c)。

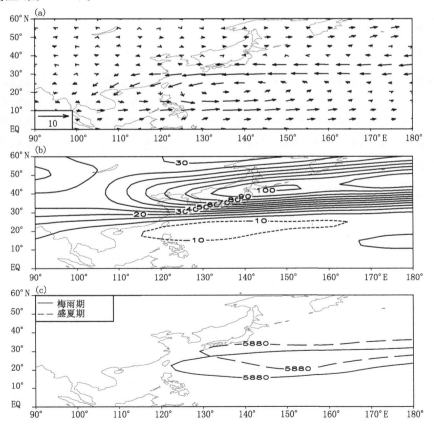

图 1.11　(a)盛夏期和梅雨期 850 hPa 风场差异(m/s);(b)盛夏期和梅雨期 500 hPa 位势差异(gpm);(c)盛夏期(虚线)和梅雨期(实线)西太平洋副热带高压(gpm)

　　图 1.12 为夏季逐月月平均西太平洋副高变化。6—7 月间变化主要表现为副高的北进,西伸点变化不大,而 7—8 月间变化则与图 1.11c 中梅雨期和盛夏期的变化形态大体一致。由于副高是东亚夏季风系统的核心成员,7—8 月间副高的变化可以视为东亚夏季风季节内变化的主要模态。为方便起见,并考虑到日常习惯,也可以粗略将夏季分成 6—7 月(梅雨期)和 8 月(盛夏期)。

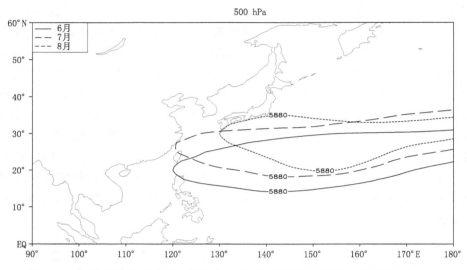

图 1.12　6 月(实线),7 月(长虚线)和 8 月(短虚线)月平均西太平洋副高(gpm)

　　需要强调的是,梅雨期和盛夏期的环流差异可以进一步影响到东亚夏季风的年际变化。在盛夏期,暖池对流增强造成大气环流对外界强迫更为敏感。例如,东亚夏季风环流对 El Niño 信号的响应在盛夏期更为显著(薛峰等,2007)。此外,盛夏期副高和雨带扩展到最北位置,易于受到高纬度环流变化的影响。这种差异对东亚夏季风季节内变化的影响在后续各章中将有详细论述。

第 2 章　ENSO 循环及其对东亚夏季风季节内变化的影响

2.1　ENSO 循环的基本特征

El Niño 是指热带中东太平洋海表温度（sea surface temperature，SST）变暖的现象，其发生周期为 3～7 年，相反的现象称为 La Niña。El Niño 发生时，中东太平洋气压降低，而西太平洋气压升高，这种"跷跷板"式的气压变化称为南方涛动。研究表明，El Niño 和南方涛动是一种热带海气耦合现象，故二者合称为 ENSO（El Niño and Southern Oscillation），也称 ENSO 循环。作为一种最强的年际变化信号，ENSO 对全球气候和亚洲季风系统均有重要影响（Ropelewski et al.，1987；Webster et al.，1992）。

本章基于 1979—2016 年的资料，对该时期发生的 ENSO 进行统计分析。这里使用 Niño 3.4 指数来鉴别 El Niño 和 La Niña 事件，该指数定义为（5°S～5°N，170°W～120°W）区域平均的 SST 异常。通常当该指数大于 0.5℃并持续 6 个月以上时，就认为发生了一次 El Niño 事件，相反则为 La Niña 事件（Trenberth，1997）。如图 2.1 所示，在 1979—2016 年中，共发生 10 次 El Niño 事件，即 1982—1983 年，1986—1987 年，1991—1992 年，1994—1995 年，1997—1998 年，2002—2003 年，2004—2005 年，2006—2007 年，2009—2010 年和 2015—2016 年。图 2.2 为 10 次事件的 Niño 3.4 指数及其合成结果。El Niño 事件从第一年春夏季开始发展，在冬季达到最强，随后在第二年春夏季衰减，因此 El Niño 与年循环呈锁相关系。但 1986—1987 年事件较其他事件衰减速度明显偏慢，直到 1988 年 1 月才完全衰减（图 2.2a 中黑色圆点）

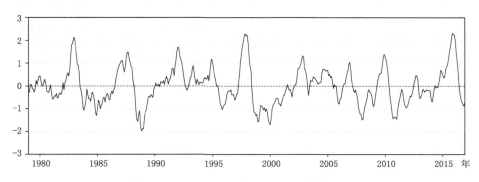

图 2.1　1979—2016 年 Niño 3.4 指数（℃）

表 2.1 给出上述 El Niño 事件的基本特征。除 2004—2005 年事件 Niño 3.4 指数峰值低于 1.0℃外，其他事件均超过 1.0℃。超过 2.0℃的强 El Niño 事件有 3 个，即 1982—1983 年，

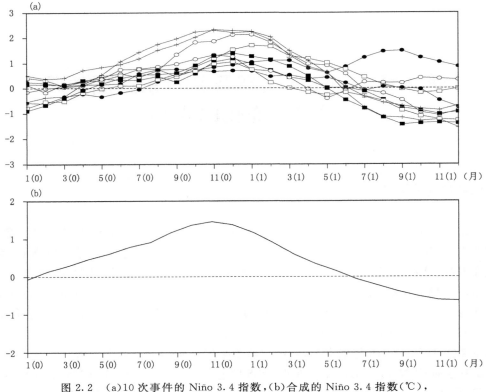

图 2.2　(a)10 次事件的 Niño 3.4 指数,(b)合成的 Niño 3.4 指数(℃),
图中横坐标括号里的 0 代表发展年,1 代表衰减年(℃)

1997—1998 年和 2015—2016 年。多数 El Niño 事件起源于平常态(指 Niño 3.4 指数小于 0.5℃,70%),另外一些则起源于较弱的 La Niña 事件(30%)。大多数事件衰减后转变为 La Niña 事件(80%),其余则衰减成平常态(20%)。El Niño 强度与其衰减结果呈现非常复杂的关系,但 3 个最强 El Niño 事件均衰减成 La Niña 事件,这与以前研究中发现的强 El Niño 位相转变机制类似,但其他事件则有所不同(刘长征等,2010a,b)。

表 2.1　10 次 El Niño 事件的统计特征

El Niño 事件 (年)	爆发前状态	衰减后状态	Niño 3.4 指数峰值(℃)
1982—1983	平常态	La Niña	2.1
1986—1988	La Niña	La Niña	1.5
1991—1992	平常态	平常态	1.7
1994—1995	平常态	La Niña	1.2
1997—1998	平常态	La Niña	2.3
2002—2003	平常态	平常态	1.3
2004—2005	平常态	La Niña	0.8
2006—2007	La Niña	La Niña	1.0
2009—2010	La Niña	La Niña	1.4
2015—2016	平常态	La Niña	2.3

　　上述分析表明,La Niña 是 El Niño 自然衰减的结果。La Niña 发生时,虽然热带太平洋 SST 异常与 El Niño 事件相反,但并未改变西暖东冷的基本状态,因而 La Niña 可以持续多年 (Okumura and Deser, 2010),另外,La Niña 事件的强度远低于 El Niño 事件。在 1979—2016 年期间,La Niña 事件总共有 6 个,即 1984—1985 年,1995—1996 年,1988—1989 年,1998—2000 年,2007—2008 年和 2010—2012 年,其中 1998—2000 年和 2010—2012 年为持续超过 2 年的事件,但如果 Niño 3.4 指数超过 −0.5℃ 或者夏季 Niño 3.4 超过 0℃ 则排除在外。据此选取的 La Niña 年共有 7 年,即 1985 年,1996 年,1989 年,1999 年,2000 年,2008 年和 2011 年,其 Niño 3.4 峰值介于 −1.0～−1.9℃ 之间,最强和最弱的分别是 1989 年和 1996 年。

　　图 2.3 为合成的 El Niño 的 SST 异常。在发展年夏季(图 2.3a),热带太平洋 SST 异常呈现典型的马蹄形分布,中东太平洋 SST 升高,最大异常在日界线以东的赤道中太平洋,超过 0.6℃,热带西太平洋和澳大利亚以东部分区域 SST 为较弱的负异常。从夏季到冬季(图 2.3b),上述马蹄形 SST 异常仍然维持。但随着 El Niño 发展到盛期,中东太平洋 SST 异常达到最强,最大值超过 1.4℃,热带印度洋 SST 开始转变为显著正异常。到衰减年夏季(图 2.3c),随着 El Niño 的衰减,热带太平洋 SST 异常很弱。但受 El Niño 强迫影响,其他热带海域开始变暖,主要位于热带印度洋和西太平洋以及热带北大西洋。

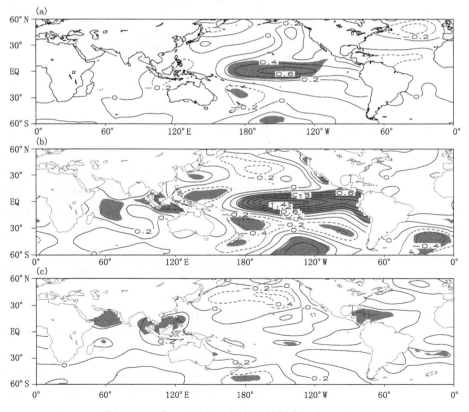

图 2.3　10 次 El Niño 事件合成的海表温度异常(℃)
(a)发展年夏季,(b)发展年冬季,(c)衰减年夏季,阴影区为超过 95% 显著性的区域

La Niña 年冬季 SST 异常分布与 El Niño 年大体相反(图 2.4a),主要负异常位于热带中

东太平洋,但异常强度较 El Niño 偏弱,而经向伸展幅度偏大。此外,正异常从菲律宾沿东北方向延伸至副热带中太平洋,澳大利亚周边部分海域的 SST 正异常也较为显著。到 La Niña 年夏季(图 2.4b),上述 SST 异常型仍然维持,但异常强度明显减弱,表明 La Niña 事件与年循环也呈锁相关系。与 El Niño 年不同的是,由于 La Niña 事件维持时间较长,在从冬到夏的季节循环过程中,太平洋 SST 异常信号衰减速度不如 El Niño 明显(图 2.3c)。

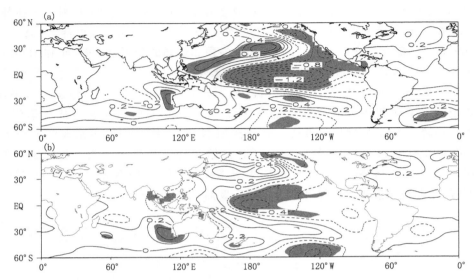

图 2.4　La Niña 事件合成的海表温度异常(℃):(a)冬季,(b)夏季,阴影区为超过 95% 显著性的区域

2.2　El Niño 衰减年东亚夏季风的季节内变化

上一节分析表明,El Niño 从发生发展到衰减消亡一般要经历 2 年时间,之后转变为 La Niña 事件或平常态。因此,ENSO 循环过程可以分为三个位相,即 El Niño 发展年和衰减年以及 La Niña 年。研究表明,在上述三个位相中,以 El Niño 衰减年东亚夏季风异常最为显著,这与印度夏季风有所不同。在 El Niño 衰减年夏季,暖池对流偏弱,西太平洋副高偏向西南,强度偏强,长江流域多雨而华南和华北少雨(符淙斌等,1988;Huang et al.,1989)。此外,薛峰和刘长征(2007)发现 El Niño 对东亚夏季风的影响随季节进程逐渐增强,6 月影响较弱,而8 月影响最强。Kawatani 等(2008)也发现副高的年际变化在 6 月最小而 8 月最大。因此,El Niño 对东亚夏季风的影响与东亚地区夏季季节进程有关。

图 2.5 为 El Niño 衰减年夏季副高三个指数的诸候变化。与气候平均相比,El Niño 衰减年副高脊线明显偏南,二者差异在 7 月底达到最大,至 8 月底接近气候平均(图 2.5a)。副高的西伸脊点明显偏西,在盛夏期间(7 月 20 日之后)偏西达到最大(图 2.5b)。此外,副高在 6 月 10 日有一次明显的西伸过程,对应于梅雨的开始,El Niño 衰减年与气候平均差异不大。但与梅雨结束有关的副高东退时间则有较大差异,气候平均约在 7 月 20 日,而 El Niño 衰减年则推迟到 8 月初,因而梅雨期延长,也说明 El Niño 使东亚地区的季节进程减速。图 2.5c 显示气候平均的副高强度有明显的季节内变化,初夏开始逐渐增强,到 7 月 20 日开始明显减弱。但在 El Niño 衰减年,副高到 8 月上旬才开始减弱,其强度在 8 月份与气候平均差异最大。副

高三个指数的异常变化说明 El Niño 能够显著影响到副高的季节内变化,并随东亚夏季风季节进程增强,梅雨期影响较弱,盛夏期间达到最强。

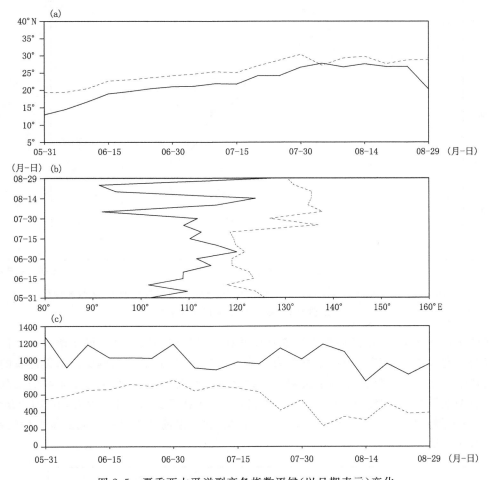

图 2.5　夏季西太平洋副高各指数逐候(以日期表示)变化
(a)脊线指数(°N),(b)西伸脊点指数(°E),(c)面积指数(无量纲),其中实线为
El Niño 衰减年合成结果,虚线为气候平均

　　图 2.6 为衰减年夏季东亚地区相似度的变化,与副高第一次北跳相对应,相似度在 6 月中旬达到极小值,但 El Niño 衰减年极小值更低,表明变化更为剧烈,其后相似度又开始上升,在 7 月 20 日之前与气候平均差异不大,但之后与气候平均的演变有明显不同。对应于副高的第二次北跳,气候平均在 7 月 20 日达到极小值,但衰减年则推迟到 8 月初,而且极小值也更低,气候平均在 0.7 以上,而衰减年则为 0.6。气候平均在 8 月 10 日后开始单调下降,但衰减年从 8 月初开始又缓慢上升,在 8 月中旬之后超过气候平均。对比各个极大值和极小值的时间可以发现,衰减年均明显滞后于气候平均,说明衰减年东亚地区夏季季节进程减速,这与副高各指数的变化是一致的。
　　与副高偏西偏强相对应,在 El Niño 衰减年夏季,副热带雨带的雨量偏大,而热带地区在 6—7 月间降水偏少,但 8 月转变为偏多,其中副热带雨量异常约为热带的一半(图 2.7)。华南

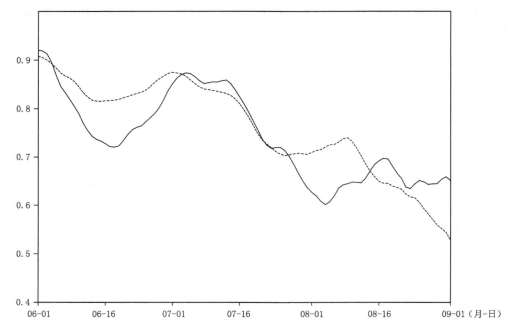

图 2.6　东亚地区(110°～140°E, 20°～45°N) 850 hPa 风场相似度,实线和虚线
分别为 El Niño 衰减年和气候平均

地区在前汛期雨量偏多,但随后降水逐渐减少并在 8 月转变为负异常。同华南地区类似,长江流域以及华北和东北地区的雨量也表现为当地主汛期偏多,其他时段偏少。值得注意的是,热带和副热带降水异常均随夏季季节进程而一致北进。在北进过程中,类似于副高的北跳,雨量异常也有两次明显的北跳,第一次在 6 月中旬,第二次在 7 月 20 日。因此,在 El Niño 衰减年,东亚夏季降水异常分布与季节进程和区域有关,这与以前基于月平均或夏季平均资料得到的结果有所不同。

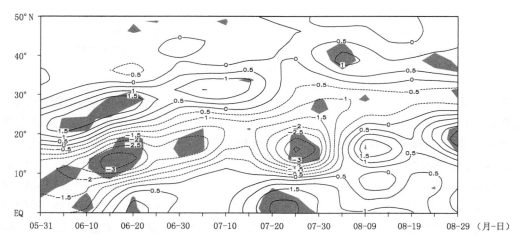

图 2.7　El Niño 衰减年夏季(110°～140°E)纬向平均降水逐候演变(mm/d),横坐标为日期,
纵坐标为纬度,阴影区为超过 95% 显著性的区域

　　根据东亚夏季雨带并结合副高和环流场的季节内变化,分如下四个阶段来分析东亚地区降水的变化,即华南前汛期(5 月 31 日—6 月 14 日)、江淮梅雨期(6 月 15 日—7 月 19 日)、华北和东北雨期(7 月 20 日—8 月 13 日)和华南后汛期(8 月 14 日—8 月 28 日)。图 2.8~图 2.10 分别为上述四个阶段 850 hPa 风场异常、西太平洋副高和降水异常的分布。在华南前汛期,由于热带降水偏少,对流偏弱(图 2.7),近赤道地区为偏东风异常,热带西太平洋为反气旋异常,其北部为气旋异常(图 2.8a),由此造成副高偏西偏南,强度偏强(图 2.9a)。同时,副高西部的偏南风及其北部的偏北风增强,进而增强了华南地区低层辐合气流,华南及其以东洋面降水偏多,热带和长江以北地区降水偏少,降水异常呈典型的三极型分布(图 2.10a)。随着东亚夏季风的北进,进入梅雨期后,上述异常环流型以及三极型降水异常均一致向北移动,但较华南前汛期更为显著(图 2.8b 和 2.10b),副高发生第一次北跳并西伸至华南(图 2.9b),华南降水开始减少,我国江淮流域到日本降水增多。梅雨结束之后东亚地区进入盛夏期,东亚夏季风推进到最北位置,反气旋异常北扩并占据中国东部和西太平洋,异常气旋也北进到日本北部(图 2.8c),副高西伸至长江中下游地区,与气候平均的差异达到最大(图 2.9c),我国华北、东北亚和日本北部降水增多,长江以南地区降水减少(图 2.10c)。盛夏期之后,东亚夏季风开始衰退,异常反气旋中心东退到日本南部,显著异常区域明显减弱(图 2.8d),副高仍维持偏西偏强的态势,但异常强度也开始减弱(图 2.9d)。降水异常开始明显减弱,除黄河下游有小范围的降水正异常中心外,中国东部降水异常不明显,同时热带降水开始增多,原有的三极型降水异常不复存在(图 2.10d)。因此,在 El Niño 衰减年夏季,东亚夏季风异常主要表现为低纬度的反气旋异常和高纬度的气旋异常,副高偏西偏强,这种异常型随东亚夏季风季节进程一致北进。同时,对东亚夏季降水的影响也与东亚夏季风的进程有关,表现为当地主汛期降水增多,非主汛期降水减少,降水分布更为集中,从而增加了主汛期极端降水的发生概率。

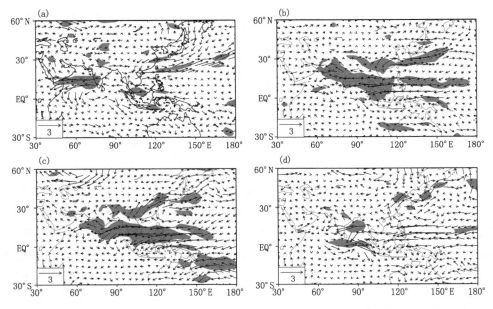

图 2.8　El Niño 衰减年夏季 850 hPa 风场异常,阴影区为超过 95% 显著性的区域(m/s)
(a)华南前汛期,(b)江淮梅雨期,(c)华北和东北雨期,(d)华南后汛期

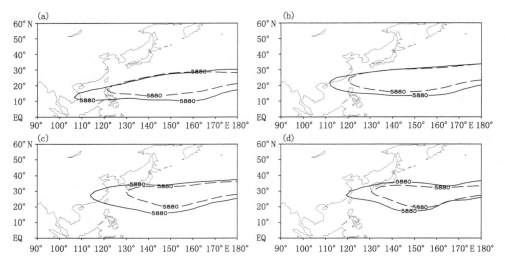

图 2.9　西太平洋副热带高压,实线为 El Niño 衰减年夏季,虚线为气候平均(gpm)
(a)华南前汛期,(b)江淮梅雨期,(c)华北和东北雨期,(d)华南后汛期

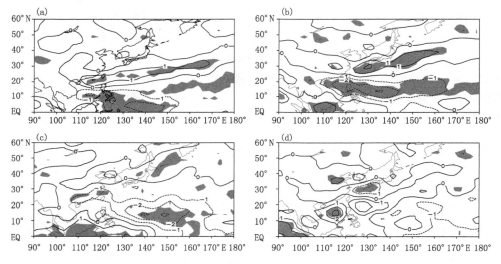

图 2.10　El Niño 衰减年降水异常,阴影区为超过 95% 显著性的区域(mm/d)
(a)华南前汛期,(b)江淮梅雨期,(c)华北和东北雨期,(d)华南后汛期

在 El Niño 衰减年夏季,太平洋 SST 异常信号较弱,但受 El Niño 强迫影响,热带印度洋到西太平洋以及热带北大西洋 SST 升高(图 2.3c)。Xie 等(2009)的研究表明,印度洋变暖起到电容器的效应,使印度洋—西太平洋夏季风产生异常。通过深对流中的湿绝热调整,对流层温度升高,产生斜压 Kelvin 波传播到太平洋。这种 Kelvin 波能够引起暖池对流减弱和西北太平洋反气旋异常,进而影响到东亚夏季风异常。除热带印度洋外,大西洋 SST 异常的影响也受到关注。数值试验结果显示(Lu et al.,2005;容新尧等,2010),大气对热带北大西洋暖海温的 Kelvin 波响应使异常东风从印度洋延伸到西太平洋,导致暖池对流减弱并形成反气旋异常环流,其强迫结果与热带印度洋类似。如图 2.11 所示,热带印度洋到南海降水偏多,对流增强,而菲律宾以东降水偏少,对流减弱。同时,热带地区为显著的东风异常,西太平洋为反气旋

异常,造成西太平洋副高偏西偏强,中国大陆东部为三极型降水分布。在季节内尺度上,这种异常环流型随东亚夏季风季节进程一致北进,由此产生了上述季节内降水异常分布(图 2.10)。但由于反气旋异常在北进过程中不断加强和扩展,占据了原来异常气旋所在区域(图 2.8),这样在夏季平均的异常环流图中(图 2.11a),尽管异常反气旋非常明显,但不能反映副高北部的异常气旋。

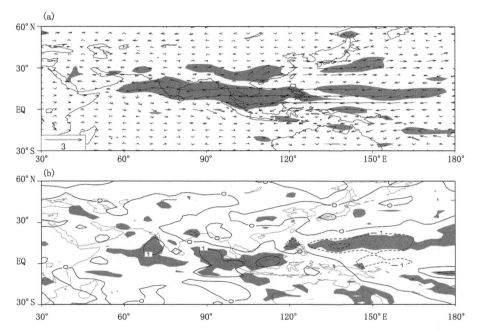

图 2.11   El Niño 衰减年夏季平均 850 hPa 风场异常(a,m/s)和降水异常(b,mm/d),
阴影区为超过 95% 显著性的区域

2.3   El Niño 发展年东亚夏季风的季节内变化

由于东亚夏季风异常在 El Niño 衰减年夏季最为显著,对中国夏季气候异常影响更强,有关 ENSO 影响东亚夏季风的研究主要集中在衰减年夏季。在 El Niño 发展年夏季,西太平洋副高偏东偏弱,华南降水偏多(符淙斌等,1988)。按照上一节的合成方法,本节继续分析 El Niño 发展年东亚夏季风的季节内变化。考虑到可用的 OLR 资料只到 2013 年,合成结果中未包括 2015—2016 年这次 El Niño 事件。

图 2.12 为 El Niño 发展年夏季西太平洋副高各指数的时间演变。图 2.12a 显示,副高脊线在 6 月与气候平均差异不大,但 7 月偏北,8 月振荡明显。西伸点的季节内变化与脊线类似,脊线偏北通常对应于西伸点偏东(图 2.12b)。此外,副高强度也呈现显著的季节内变化,盛夏期振荡更为明显(图 2.12c)。总体上看,副高偏北偏东,强度偏弱,与 El Niño 衰减年大致相反。但副高季节内变化显著,说明 El Niño 的强迫影响较衰减年偏弱。

图 2.13 为发展年夏季东亚地区相似度的变化,梅雨期和盛夏期的变化形成鲜明的对比。在梅雨期,发展年与气候平均差异不大,6 月中旬到 7 月中旬之间,发展年的相似度略低于气

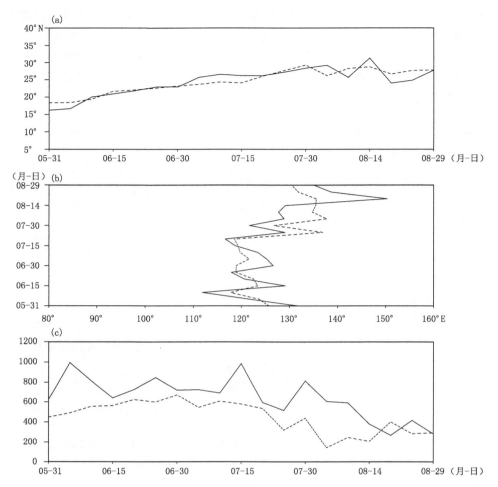

图 2.12　夏季西太平洋副高各指数逐候(以日期表示)变化
(a)脊线指数(°N),(b)西伸脊点指数(°E),(c)面积指数(无量纲),
其中实线为 El Niño 发展年,虚线为气候平均

候平均,但仍维持在 0.8 以上。但到盛夏期,发展年相似度急剧衰减,8 月中旬之后剧降至 0.4 以下,而气候平均则仍在 0.55 以上。因此,发展年夏季东亚夏季风环流在盛夏期受 El Niño 影响更强,这与衰减年相同。基于相似度和副高季节内变化结果,下面以 7 月 20 日为分界点分析梅雨期和盛夏期东亚夏季风的异常变化。

　　图 2.14 为 El Niño 发展年梅雨期东亚夏季风的异常变化。图 2.14a 显示 OLR 异常较弱,达到显著异常的仅限于热带个别区域。低层风场异常主要表现为热带出现显著的西风异常,这是 El Niño 发展的必要条件之一。另外,东北亚地区出现较弱的偏北风异常,但不能达到显著性标准(图 2.14b)。东亚地区位势高度场偏低,这与东北亚地区的偏北风异常引起的冷平流异常有关(Xue et al.,2016),但与风场异常一致,高度场异常也不能通过信度检验(图 2.14c)。对应于高度场的异常变化,副高略微减弱并偏东(图 2.14d)。

　　与梅雨期不同,盛夏期菲律宾以东对流发展(第 1 章),对 El Niño 的强迫影响也更加敏感,因此盛夏期的异常与梅雨期有很大不同。如图 2.15a 所示,日界线以西 OLR 为显著负异

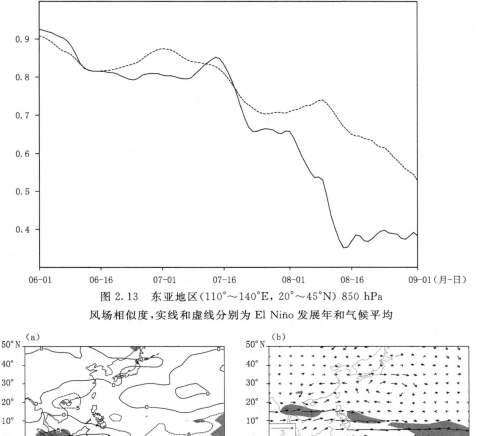

图 2.13　东亚地区(110°~140°E, 20°~45°N) 850 hPa
风场相似度,实线和虚线分别为 El Niño 发展年和气候平均

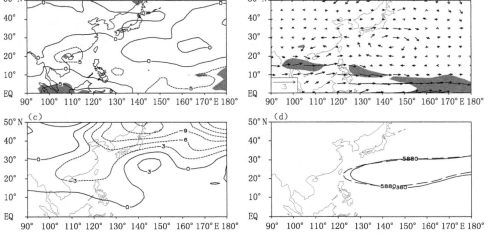

图 2.14　El Niño 发展年梅雨期(6 月 1 日—7 月 19 日)东亚夏季风异常,(a)向外长波辐射(W/m²),
(b)850 hPa 风场(m/s),(c)500 hPa 位势高度(gpm),(d)西太平洋副热带高压(gpm),
图 d 中的实线和虚线分别为 El Niño 发展年和气候平均,阴影区为超过 95% 显著性检验的区域

常,对流增强,印尼附近 OLR 为显著正异常。对应于中太平洋对流增强,副热带西太平洋出
现大范围气旋性异常,这是一种典型的 Gill 型响应(Gill, 1980),热带西风异常继续增强(图
2.15b)。这与大气环流模式模拟的结果一致,说明环流异常与 El Niño 的强迫有关(Lau et
al., 2000)。同时,副热带西太平洋位势高度场显著偏低(图 2.15c),结果造成盛夏期间副高
显著偏弱偏东(图 2.15d)。因此,虽然两个时期副高均偏东,但异常程度有显著差异。更为重
要的是,其异常成因也完全不同,前者主要是大气内部变化引起,而后者是 El Niño 强迫所造
成。此外,对比图 2.14b 和图 2.15b 可以发现,梅雨期日本南部为较弱的反气旋异常,盛夏期

则为显著的气旋异常,也说明二者异常的成因不同。

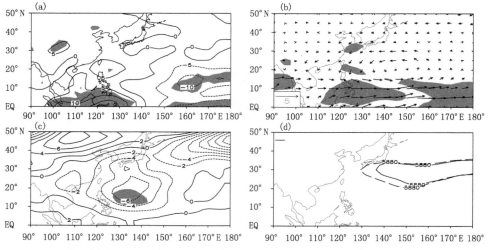

图 2.15　同图 2.14,但为盛夏期(7 月 20 日—8 月 31 日)

　　对应于副高和热带对流的异常变化,东亚和西太平洋地区夏季降水也呈现明显异常(图 2.16)。在热带地区,日界线以西降水偏多,印尼附近降水偏少。在中国东部地区,华南降水偏多,长江以北降水偏少。这种雨型与 El Niño 发展年东亚夏季风的季节内异常有关,梅雨期华南地区为较弱的气旋异常,北方冷空气偏强(图 2.14),但盛夏期副高显著偏东(图 2.15),不利于水汽输送到中国北方,因此,造成中国东部南多北少的降水分布。但与热带相比,中国东部夏季降水异常信号并不显著,仅个别区域能达到显著水平。

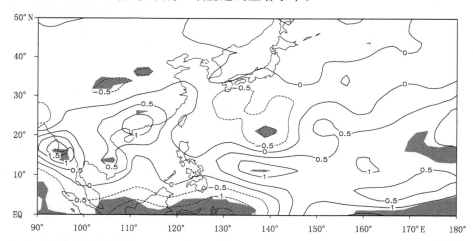

图 2.16　El Niño 发展年夏季平均降水异常 (mm/d),阴影区为超过 95% 显著性检验的区域

　　与 El Niño 衰减年相比,东亚夏季风的异常在发展年较弱。这种差异不仅与热带 SST 异常强迫有关,还与夏季热带环流系统有关。在衰减年夏季,SST 异常位于热带印度洋,从印度洋到西太平洋为西南夏季风环流,印度洋位于西太平洋的上游,因而印度洋对流变化更易于影响到西太平洋暖池对流变化(图 2.3c)。但在发展年夏季,SST 异常位于热带中东太平洋(图 2.3a),热带西太平洋到中东太平洋为信风(东风)环流,热带对流变化则不易影响到西太平洋暖池对流变化。

2.4　La Niña 年夏季东亚夏季风的季节内变化

　　2.1 节的分析表明,La Niña 是 El Niño 自然衰减的结果,其 SST 异常分布在冬季与 El Niño 大致相反,因而以前研究认为 La Niña 对东亚夏季风的影响与 El Niño 相反,但实际上二者的季节内变化有很大差异。如图 2.17a 所示,在 La Niña 年夏季,副高脊线偏北,到 8 月初,偏北达到最大,之后开始减弱。副高的西伸点呈现显著的东西振荡,特别是 7 月份(图 2.17b)。副高的第一次西伸和大幅度东退分别发生在 6 月 5 日和 7 月 10 日,对应于梅雨的开始和结束,这明显超前于气候平均(第 1 章),说明 La Niña 年东亚夏季季节进程加速。副高面积指数在 6 月初接近气候平均,自 6 月 20 日开始急剧减弱,7 月约为气候平均的一半,8 月中旬之后又开始再度增强。总体上看,La Niña 年副高偏北偏东,强度偏弱,这与以前研究的夏季平均结果类似。但 La Niña 年副高最大异常在 7 月,6 月和 8 月异常相对较弱。因此,与 El Niño 年最大差异在 8 月相比,La Niña 对副高的影响超前一个月。

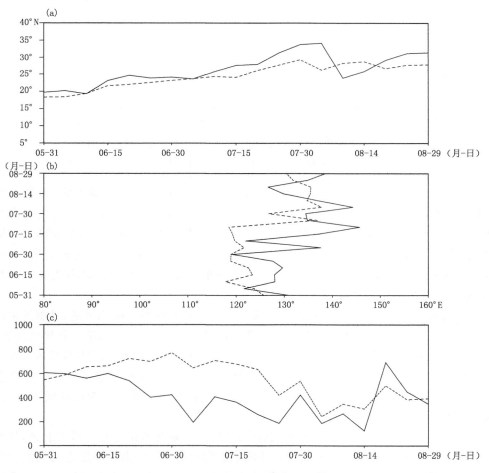

图 2.17　夏季西太平洋副高各指数逐候变化

(a)脊线指数(°N),(b)西伸脊点指数(°E),(c)面积指数(无量纲),

其中实线为 La Niña 发展年,虚线为气候平均

　　图 2.18 为 La Niña 年夏季东亚地区 850 hPa 风场的相似度。6 月与气候平均差异不大,略微偏低,但自 7 月初开始快速下降,到 7 月下旬降低到最小值后反而开始上升,到 8 月上旬达到最大值后又开始下降,这与副高的季节内变化类似。与 El Niño 发展年相似度的单调和剧烈变化相比(图 2.13),La Niña 年的季节内变化主要表现为平缓和多变,其中二者 8 月的变化几乎相反。根据副高和相似度的分析结果,以下将分 6、7 和 8 月来分析 La Niña 年东亚夏季风的异常变化。

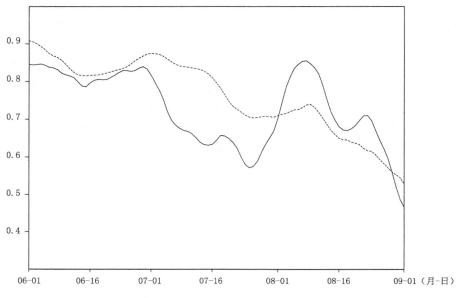

图 2.18　　东亚地区(110°~140°E,20°~45°N) 850 hPa 风场相似度,
实线和虚线分别为 La Niña 发展年和气候平均

　　图 2.19 为 La Niña 年 6 月东亚夏季风异常。受前期暖池 SST 偏高影响,菲律宾附近对流明显增强,显著异常位于近赤道地区(图 2.19a)。由于 Gill 型的强迫作用,华南和南海附近出现较弱的气旋性异常(图 2.19b),热带西太平洋地区位势高度显著偏低,东亚副热带地区也偏低,但不显著(图 2.19c),副高减弱东退(图 2.19d)。与 El Niño 发展年初夏有所不同的是,高纬度地区为较弱的偏南风异常,因此,6 月副高偏东与前期暖池 SST 偏高造成的对流偏强有关,而不是大气内部变化造成的。

　　但到 7 月份,西太平洋暖池特别是菲律宾以东对流急剧增强并向北推进,显著异常区域位于台湾以东洋面,OLR 负异常中心超过 -15 W/m² (图 2.20a)。由于热带对流异常的影响,副热带地区出现显著气旋异常,日本东部为显著反气旋异常,高低纬度之间为典型的东亚—太平洋遥相关型(图 2.20b,Nitta,1987;Huang and Wu,1989)。热带和副热带地区位势高度显著降低,而高纬度特别是东北亚地区升高(图 2.20c),结果造成副高大幅度东退到 140°E 以东,与气候平均差异达到 20 经度(图 2.20d)。

　　8 月的情况与 7 月类似,但有两点不同(图 2.21)。一是随着东亚夏季风的北进,异常中心亦随之北进,例如 OLR 和 500 hPa 高度负异常中心均越过 30°N,高低纬度之间仍维持类似的遥相关型。二是异常强度明显减弱,这是因为 7 月对流的急剧增强能使 SST 降低,而降低的 SST 则反过来抑制对流的发展。因此,8 月副高虽然减弱东退,但异常强度要明显弱于 7 月(图 2.21d),这与图 2.18 中风场相似度的结果是一致的。

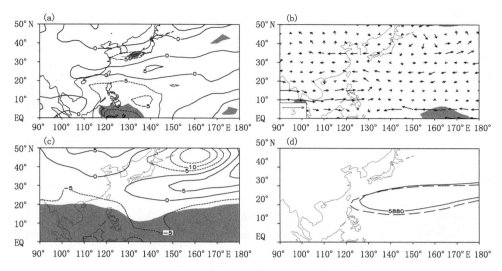

图 2.19　La Niña 年 6 月东亚夏季风异常

(a)向外长波辐射(W/m²),(b)850 hPa 风场(m/s),(c)500 hPa 位势高度(gpm),(d)西太平洋副热带高压(gpm),
图 d 中的实线和虚线分别为 La Niña 年和气候平均,阴影区为超过 95％显著性检验的区域

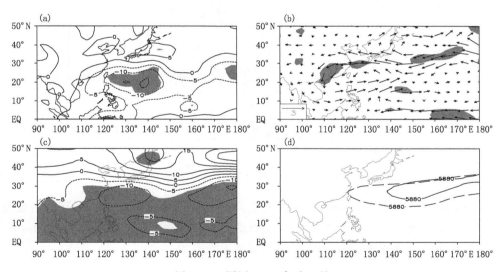

图 2.20　同图 2.19,但为 7 月

　　图 2.22 为 La Niña 年东亚夏季平均降水异常。由于 La Niña 年副高显著偏东,不利于水汽输送到中国东部,中国东部大部分地区降水偏少,西太平洋洋面降水显著偏多。但与热带相比,中国东部夏季降水异常信号并不显著,仅个别区域能达到显著水平。总体上看,降水异常分布呈纬向型分布,这与 El Niño 衰减年夏季降水异常的经向型分布不同,因此并不能简单将 La Niña 的影响认为是 El Niño 的反对称。

　　La Niña 年东亚夏季风异常与 El Niño 发展年存在一定程度的相似,例如副高在夏季各个时期均偏东,但季节内变化则有很大差异。El Niño 发展年主要在盛夏,而 La Niña 年则主要在 7 月,副高提前东退,造成东亚地区盛夏期提早来临,夏季季节进程加速。此外,异常成因也

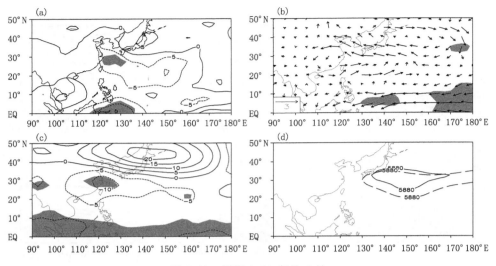

图 2.21　同图 2.19,但为 8 月

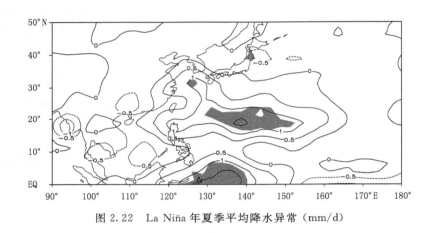

图 2.22　La Niña 年夏季平均降水异常（mm/d）

有所不同,El Niño 发展年初夏副高偏东主要是高纬度环流变化所致,异常较弱,而盛夏期偏东则与 El Niño 发展造成的对流增强有关,与东亚夏季风的季节进程基本同步,而 La Niña 年的副高偏东主要与前期暖池 SST 偏暖造成的对流偏强有关。

2.5　ENSO 不同位相影响东亚夏季风季节内变化的比较

上述分析表明,在 ENSO 循环的三个不同位相,东亚夏季风均表现出显著的季节内异常,表 2.2 给出这三个位相东亚夏季风异常的基本特征。其中以 El Niño 衰减年异常最为显著,表现为副高偏西偏南,强度偏强,中国东部为典型的三极型夏季降水异常,即长江流域降水偏多而华南和华北降水偏少。此外,由于三极型降水异常随东亚夏季风季节进程北进,造成主汛期降水偏多。在 El Niño 发展年和 La Niña 年夏季,副高则偏东,强度偏弱。因此,在整个 ENSO 循环过程中,东亚夏季风呈现出明显的准两年振荡现象。另一方面,由于不同阶段的热带强迫源地不同,东亚夏季风最大异常的月份也有显著差异,在 El Niño 发展年和衰减年,季节内异常与夏季季节进程同步,最大异常在 8 月份,而在 La Niña 年,由于前期暖池 SST 偏高引起对流增强,造成东亚夏季季节进程加速,最大异常在 7 月份。

表 2.2　ENSO 循环对东亚夏季风季节内变化的影响

ENSO 循环阶段	强迫源地	西太平洋副高	夏季降水	最大异常月份
El Niño 衰减年	印度洋,北大西洋	偏西偏南,强度偏强	长江流域偏多,主汛期偏多	8 月
El Niño 发展年	中东太平洋	偏东偏弱	华南偏多	8 月
La Niña 年	西太平洋	偏东偏弱	东部偏少	7 月

　　图 2.23 为 ENSO 循环各阶段合成的西太平洋副高,同时给出气候平均以做比较。如图所示,若以副高与气候平均差异程度作为衡量 ENSO 对东亚夏季风的影响指标,以 El Niño 衰减年影响最为显著,其次为 La Niña 年,最弱为 El Niño 发展年。这是因为前二者的影响虽然也有显著的季节内变化,但其影响贯穿整个夏季,而 El Niño 发展年的影响到盛夏期才较为显著,影响时间较短。

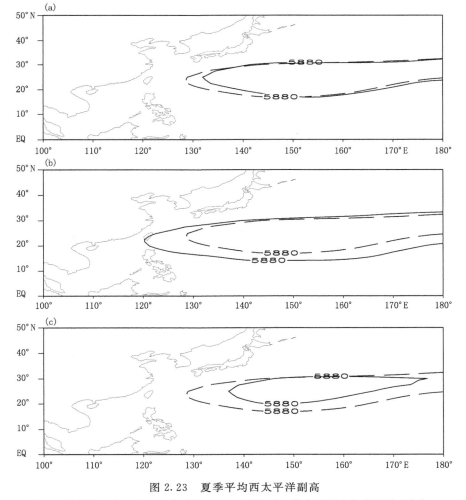

图 2.23　夏季平均西太平洋副高

(a)El Niño 发展年,(b)El Niño 衰减年,(c)La Niña 年,其中虚线为气候平均(单位:gpm)

　　需要补充说明的是,由于东亚夏季风环流对 ENSO 响应的非线性特征,强 El Niño 事件的影响要远大于一般强度的事件(薛峰等,2007)。实际上,以前根据合成和相关分析的结果中,在很大程度上反映的是强 El Niño 事件的影响。因此,现有的一些线性统计方法如偏相关和线性回归等并不能有效去除原始时间序列中的 ENSO 信号。另外,合成结果虽然可以使我们认识到 ENSO 影响的共性,但同时也掩盖了各个事件的差异和其他因子的影响。有鉴于此,后续各章中我们将根据 ENSO 位相和强度选取两个相似的年份,但两个年份中东亚夏季风季节内变化又存在显著差异,目的在于双向放大信号,两年的共同特征反映了 ENSO 的影响,其差异则反映了 ENSO 的个性差异以及其他因子的影响。个例分析的重要性还在于具体个例是完全真实的,而统计模型和数值模式只是近似的理想大气,并不能完全反映实际大气的变化。我们期望通过对比分析典型年份东亚夏季风季节内变化,进一步揭示 ENSO 对东亚夏季风的影响成因和其他因子的可能影响,从东亚夏季风的季节内演变过程深入剖析其年际变化的机理,为东亚夏季风和中国夏季降水的预测提供理论基础。

第 3 章　强 El Niño 衰减年东亚夏季风的季节内变化

3.1　个例选取及其背景

第 2 章的分析结果表明,在 ENSO 循环的三个位相,以 El Niño 衰减年对东亚夏季风的影响最为显著。此外,由于东亚夏季风环流对 El Niño 信号响应的非线性特征,强 El Niño 事件的影响要远大于一般强度的事件(薛峰等,2007)。有关 El Niño 事件强度划分有不同的标准,这里我们定义强 El Niño 事件为 Niño 3.4 指数峰值达到或超过 2℃(刘长征等,2010a,b)。这是一个相当严格的标准,在 1979—2016 年间,仅有 3 个事件能够达到强 El Niño 的标准,即 1982—1983 年,1997—1998 年和 2015—2016 年。这里我们选择 1997—1998 年和 2015—2016 年这两次事件进行对比分析。图 3.1 为两次事件 Niño 3.4 指数的时间演变过程,二者演变大体相似,均在第一年春夏季发展成 El Niño 状态,之后继续发展,冬季达到峰值,二者峰值差异不大,在第二年春季开始衰减,并在夏季转变为 La Niña 状态。不同的是,前者发展和衰减速度比后者快,振荡更为明显。

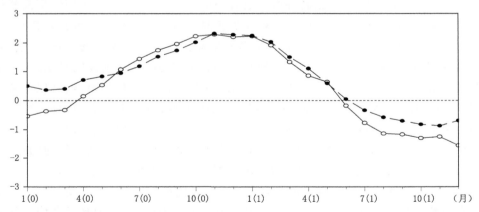

图 3.1　1997—1998 年(空心圆圈)和 2015—2016 年(实心圆圈)Niño 3.4 指数(℃),横坐标括号中的 0 和 1 分别表示 El Niño 发展年和衰减年

图 3.2 为 1998 年和 2016 年夏季平均的 SST 异常分布,由于 El Niño 在夏季衰减,太平洋大部分海域偏冷,但并不显著。1998 年衰减较 2016 年偏快(图 3.1),前者比后者偏冷要更明显,但区域尺度上差异较大,1998 年夏季赤道东太平洋仍维持偏暖的状态。受 El Niño 强迫影响,印度洋大部分海域 SST 偏高,但也不显著。但北大西洋 SST 异常差异很大,1998 年热带和高纬度北大西洋偏暖,副热带偏冷,呈现明显的三极型分布,而 2016 年异常不显著。因此,

1998 年 El Niño 对其他海域的强迫影响要大于 2016 年。

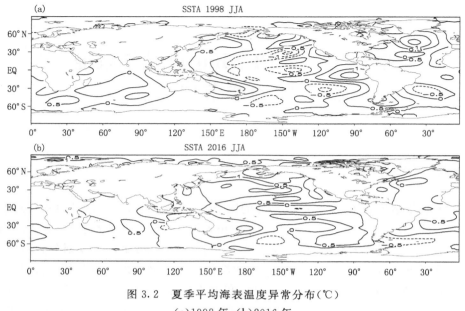

图 3.2　夏季平均海表温度异常分布(℃)

(a)1998 年；(b)2016 年

3.2　1998 年和 2016 年东亚夏季风的季节内变化

图 3.3 为 1998 和 2016 两年副高各指数随时间的变化。图 3.3a 显示两年副高脊线 6 月份与气候平均差异不大，但 7 月 5 日之后，脊线明显偏南，其中 1998 年偏南更为显著，但 2016 年 8 月初，脊线偏北并维持到 8 月 19 日，此后两年的副高都经历一次显著南撤，并明显偏南。在气候平均状况下，副高在 6 月 10 日有一次短暂的西伸，7 月 20 日副高明显东退，分别对应于梅雨的开始和结束(图 3.3b)。与气候平均相比，两年副高均明显偏西，但呈现显著的季节内变化，6 月和 8 月偏西较为显著。此外，梅雨期之后，副高呈现明显的东西振荡，2016 年的东西振荡更为显著。但与脊线不同的是，西伸脊点在 7 月份与气候平均差异较小。对应于副高脊线和西伸点的变化，面积指数也呈现显著的季节内变化(图 3.3c)。气候平均的结果显示，副高自 6 月开始即缓慢增强，7 月 20 日之后，随着副高东退，强度明显减弱。两年副高强度均明显偏强，6 月 10 日到 6 月底，两年副高均有一次明显的振荡，1998 年副高 7 月中下旬有一次明显振荡过程，但 2016 年 8 月副高的振荡则更为显著。因此，两年副高呈现偏西偏南的基本态势，强度明显偏强，这与第 2 章中合成分析的结果一致。但季节内变化显著，梅雨期差异不大，主要差异在盛夏期。

图 3.4 进一步给出月平均副高的变化。6 月份(图 3.4a)，两年副高均偏向西南，强度偏强，1998 年更为明显，这与 El Niño 衰减年合成结果是一致的(第 2 章)。7 月份，这种异常型态有所减弱(图 3.4b)。与 6—7 月不同，两年 8 月份的异常则完全相反，1998 年副高显著西伸，与气候平均的差异达到最大，但 2016 年 8 月副高断裂，主体东退到日本东部洋面，在大陆仅残存一个范围较小的高压单体(图 3.4c)。从夏季平均结果看(图 3.4d)，1998 年西伸到

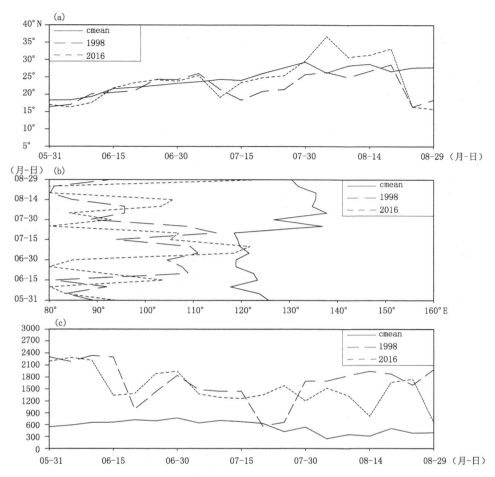

图 3.3　西太平洋副高指数随时间的变化曲线

(a)脊线指数(°N),(b)西伸指数(°E),(c)面积指数(无量纲)。

实线:气候平均;长虚线:1998 年;短虚线:2016 年

105°E,2016 年西伸到 120°E,前者的异常更强,表明 1998 年 El Niño 对夏季副高的影响更强。

　　两年 8 月副高的相反变化与暖池地区对流异常有关。由于缺少 2016 年 OLR 资料,这里以降水来代表热带对流异常,图 3.5 给出 110°～130°E 区域平均的候平均降水异常。在菲律宾群岛附近的西太平洋暖池地区(10°～25°N),6—7 月间降水均明显偏少,表明暖池对流偏弱,有利于副高西伸,1998 年 6 月降水异常较 2016 年更为显著,副高西伸也更明显(图 3.4a)。同时,由于暖池降水异常造成高低纬度之间的遥相关影响(Nitta,1987;Lu,2001a,b),30°N 以北地区降水偏多。但从 8 月初开始,2016 年暖池降水开始明显增强,30°N 以北降水偏少,这与 1998 年相反,也与 El Niño 衰减年夏季的合成结果相反(第 2 章),因此,8 月暖池降水增强与其他因子的影响有关。

　　图 3.6 为 11.25°～18.75°N 区域平均(即取暖池所在纬度)的候平均降水异常剖面。以中南半岛为界(约 100°E),两侧降水呈现明显不同的异常变化。印度洋一侧呈现明显的低频振荡,在 7 月上旬之前以降水偏多为主,这与 El Niño 衰减之后造成的印度洋偏暖有关,说明对

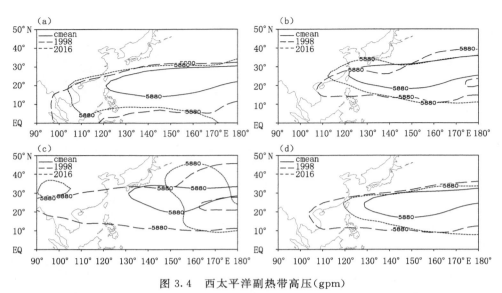

图 3.4　西太平洋副热带高压(gpm)

(a)6 月；(b)7 月；(c)8 月；(d)夏季平均。实线:气候平均;长虚线:1998 年;短虚线:2016 年

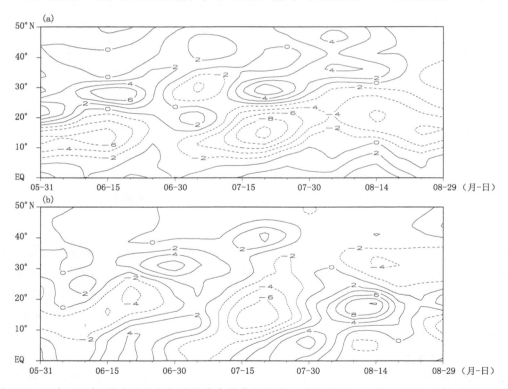

图 3.5　110°～130°E 纬向平均的候平均降水异常的纬度—时间剖面(mm/d),(a)1998 年,(b)2016 年

流偏强。在西太平洋暖池地区,在 8 月上旬之前,两年的降水均一致偏少,表明暖池对流偏弱。但从 8 月初开始,两年的演变则完全不同,1998 年印度洋地区降水仍以偏多为主,而暖池地区降水则维持偏少的态势,这与 6—7 月情况类似。但 2016 年印度洋地区降水偏少,而暖池地区降水则显著增强。因此,8 月份降水与 6—7 月份有很大差异。

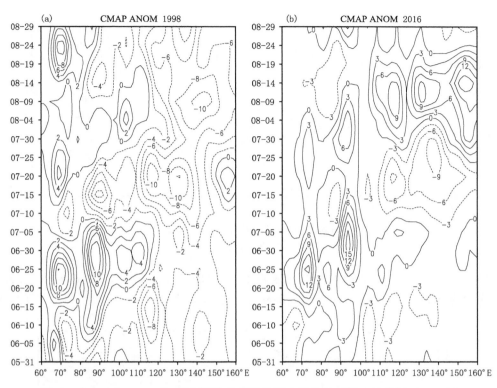

图 3.6　11.25°～18.75°N 经向平均的候平均降水异常的时间—经度剖面(mm/d)
(a)1998 年;(b)2016 年

　　图 3.7 进一步给出亚洲地区 8 月降水异常的分布。1998 年(图 3.7a),印度洋降水偏多,对流偏强,这种情况下可以通过激发 Kelvin 波东传使西太平洋暖池对流减弱(第 2 章)。因此,菲律宾以东降水明显减弱,副高加强西伸,华南降水偏少,而我国长江以北地区、东北亚和日本一带降水偏多。2016 年(图 3.7b),印度一带降水偏少,我国南海到菲律宾以东降水显著偏多,暖池对流显著偏强,长江以北地区降水偏少,总体分布与 1998 年相反。

　　对应于 8 月份暖池降水(对流)异常变化,850 hPa 风场也发生了显著变化。1998 年(图 3.8a),东亚沿海地区呈现明显的高低纬度之间的遥相关,副热带西太平洋为反气旋异常,东北

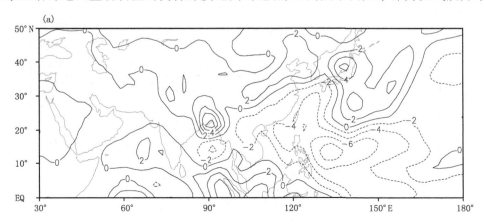

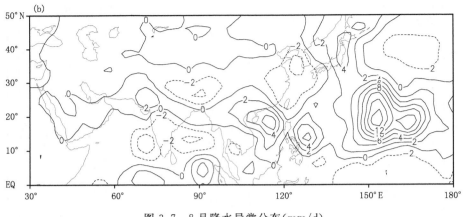

图 3.7　8 月降水异常分布(mm/d)

(a)1998 年;(b)2016 年

亚为气旋异常,对应于副高的西伸和东北亚降水偏多(图 3.3 和 3.7)。2016 年(图 3.8b),中国东部洋面为气旋异常,北太平洋为反气旋异常。与 1998 年相比,遥相关型相反并明显偏东。

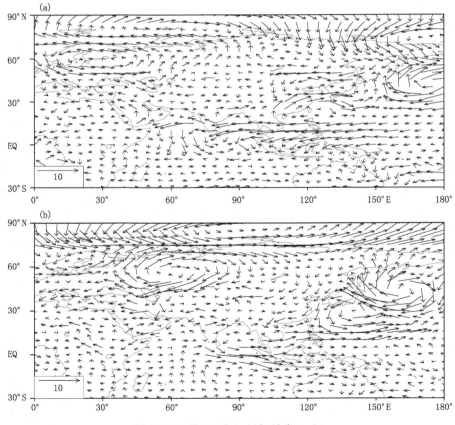

图 3.8　8 月 850 hPa 风场异常(m/s)

(a)1998 年;(b)2016 年

同时,热带地区的风场也呈相反变化,1998 年为东风异常,而 2016 年为西风异常。数值模拟表明,这种相反变化与大西洋 SST 异常强迫有关。1998 年热带大西洋偏暖,能激发赤道波并东传至西太平洋,造成热带东风异常和西北太平洋反气旋异常(Lu et al.,2005;容新尧等,2009)。因此,1998 年 8 月副高的显著偏西是大西洋和印度洋的共同强迫所造成的。但 2016 年夏季大西洋 SST 异常较弱,对东亚夏季风影响不明显。

上述分析表明,与 1998 年完全相反,印度洋和大西洋 SST 异常对 2016 年 8 月的影响均很弱,但这并不能解释为何暖池降水偏多(图 3.6b 和 3.7b)。实际上,这与东亚和西太平洋地区夏季风环流的季节内变化有关。在 7 月下旬之后,暖池对流增强,促使大气环流对外界扰动更加敏感。同时西南夏季风环流减弱,副高北抬,也使高纬度环流变化易于南下影响到东亚夏季风环流(第 1 章)。如图 3.8 所示,1998 年和 2016 年 8 月份欧亚高纬度环流有很大差异,1998 年 8 月欧洲为气旋异常,而 2016 年 8 月乌拉尔附近为显著的异常反气旋。该异常反气旋东部为偏北风异常,并经西伯利亚东部向南一直延伸到华南地区。一方面,来自高纬度的北风异常引起东亚地区冷平流异常,造成副高断裂,主体减弱东退(图 3.3c)。另一方面,源自高纬度的大气扰动还可以激发暖池对流的变化并通过遥相关过程进一步影响到副高和东亚地区降水的变化(Lu et al.,2007;施宁等,2009)。

为进一步揭示高纬度环流变化对 2016 年 8 月副高变化和暖池降水的影响,分析了 2016 年 8 月逐候的变化情况。结果表明,最显著的变化发生在第 43 候(7 月 30 日—8 月 3 日)和第 45 候(8 月 9—13 日)之间(图 3.9 和 3.10)。在第 43 候(图 3.9),乌拉尔异常反气旋开始建立,其东部的异常偏北风穿越日本直达菲律宾以东,引起南海和密克罗尼西亚群岛附近降水增多,但菲律宾以东个别区域降水偏少,说明暖池对流并未充分发展。另外,由于异常偏北风造成的冷平流异常影响,副高从日本附近开始断裂,副高主体与大陆高压分离并减弱东退(图 3.9c)。在第 45 候(图 3.10),菲律宾以东降水明显增多,暖池对流已充分发展。高低纬度之间呈显著遥相关,中国东部为气旋异常,而日本东北部洋面为反气旋异常。这种遥相关类似于 La Niña 年夏季(Xue et al.,2017),而与典型的 El Niño 衰减年夏季几乎相反(图 3.8a),而且整体偏向东北。同时,热带为显著的偏西风异常,也与 El Niño 衰减年夏季偏东风异常相反,例如 1998 年(图 3.8a),2016 年 El Niño 衰减速度较 1998 偏慢即与此有关(图 3.1)(薛峰等,2007)。另外,此时虽然乌拉尔异常反气旋较第 43 候偏强,但东亚地区主要受控于暖池对流发展形成的遥相关型,乌拉尔异常反气旋的影响反而开始减弱。上述环流异常形势维持到 8 月下旬,造成 2016 年 8 月东亚夏季风环流异常与 1998 年 8 月相反。在上述东亚夏季风环流变化过程中,高纬度环流起到触发暖池对流发展的作用,而暖池对流的维持则进一步造成 8 月副高的持续异常。

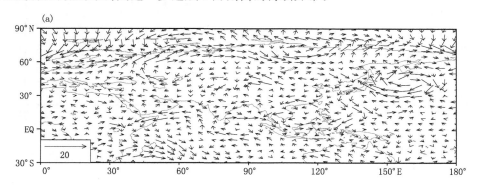

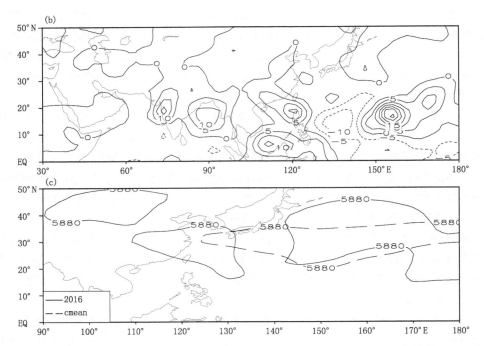

图 3.9　2016 年第 43 候(7 月 30 日—8 月 3 日)的 850 hPa 风场异常(a,m/s),降水异常(b,mm/d)和
西太平洋副高(c,gpm)。(c)中实线为 2016 年,虚线为气候平均

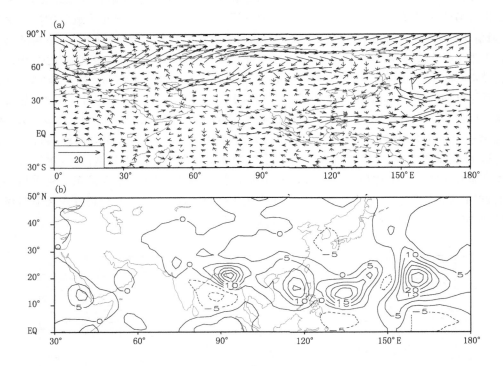

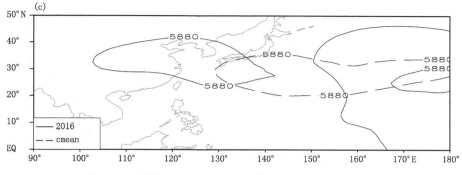

图 3.10　同图 3.9，但为 2016 年第 45 候（8 月 9—13 日）

　　对应于副高的异常变化，中国夏季降水分布也呈现明显的异常。6 月份（图 3.11a 和 b），由于副高偏西，中国东部降水以偏多为主，但华南差异较大，1998 年偏多，2016 年偏少。7 月份（图 3.11c 和 d），从长江流域到华北降水偏多，华南和东北大部降水偏少，但个别区域差异较大，1998 年内蒙古东部偏多，2016 年黄河下游降水显著偏多。与 6 月和 7 月不同，8 月份降水异常几乎相反（图 3.11e 和 f）。1998 年华南偏少，以北大部地区偏多，特别是长江上游和东北南部，而 2016 年华南偏多，以北明显偏少。8 月降水的相反变化与副高的异常变化有关（图 3.3c）。因此，在这两年夏季（图 3.11g 和 h），中国东部降水虽然总体上偏多，但呈现出显著的季节内变化和区域差异，其中 8 月变化几乎相反，同时长江以北地区降水分布差异较大。

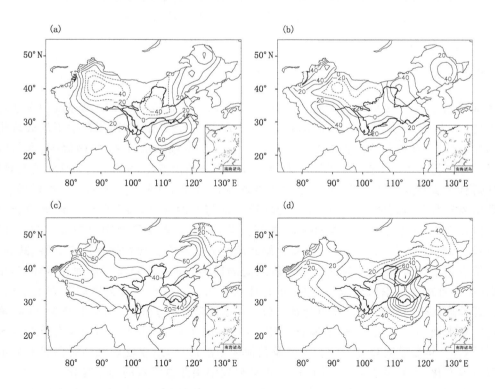

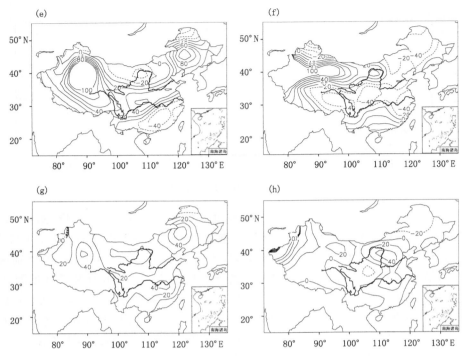

图 3.11　1998 年(左列)和 2016 年(右列)中国区域降水异常百分率(%),
(a、b)6 月;(c、d)7 月;(e、f)8 月;(g、h)夏季平均

3.3　小结

　　本章对比分析了 1998 年和 2016 年两个强 El Niño 衰减年东亚夏季风环流和夏季降水的季节内变化。结果表明,受 El Niño 的强迫影响,印度洋 SST 偏高,两年夏季平均表现出一些共同的异常特征,如夏季副高偏向西南,强度偏强,长江流域降水偏多,华南偏少,这与以前研究结果类似。另一方面,东亚夏季风还表现出显著的季节内变化,两年 6—7 月间的差异较小,但 8 月则有显著差异。1998 年夏季,热带大西洋 SST 偏高,对东亚夏季风产生重要影响,该年东亚夏季风异常所展现的显著 El Niño 衰减年特征与大西洋和印度洋 SST 异常的合力影响有关。但在 2016 年夏季,大西洋 SST 异常不显著,对东亚夏季风影响也较弱。在 2016 年 8 月初,乌拉尔异常反气旋建立,其东部异常偏北风造成的冷平流异常促使副高分裂,减弱东退,并南下影响到暖池对流发展,通过高低纬度之间的遥相关进一步维持了这种异常环流,结果造成 2016 年 8 月东亚夏季风环流与 1998 年 8 月几乎相反。由于 8 月为中国北方主汛期,这两年北方夏季降水也呈现不同的分布特征,1998 年东北降水偏多,而 2016 年偏少,同时黄河中下游地区降水偏多。因此,即使在两个强 El Niño 衰减年夏季,由于 El Niño 衰减之后印度洋和大西洋 SST 异常强度和分布的差异以及其他因子的影响,东亚夏季风环流仍然能显示出不同的季节内变化,特别是在 8 月,从而进一步影响到中国北方降水的异常变化。

　　2016 年 8 月东亚夏季风环流异常与 El Niño 相关的热带强迫较 1998 年偏弱有关。虽然印度洋 SST 偏高,在 6—7 月间降水也偏多,但降水又造成海温降低,8 月印度洋降水反而减弱

（图 3.7），这与 La Niña 年海温和降水的变化关系类似（第 2 章），另外，大西洋 SST 异常较 1998 年也明显偏弱。此外，这还与东亚夏季风的季节内变化有关。在 7 月下旬之后，暖池对流发展，西南夏季风环流减弱，东亚夏季风和副高达到其最北部。暖池对流的发展使其对外界的扰动更加敏感，同时东亚夏季风的北进也有利于高纬度环流对其施加影响。以前研究中注意到乌拉尔阻塞高压变化对长江流域梅雨所产生的影响（张庆云等，1998；Li et al.，2001），但 2016 年 8 月的结果表明，乌拉尔异常反气旋所造成的偏北风异常在盛夏期间也同样重要，甚至能完全逆转热带 SST 异常所引起的环流异常。

在 El Niño 衰减年夏季，东亚夏季风季节内变化存在两种典型的模态。其一与第 2 章中的合成结果一致，即 El Niño 影响随夏季季节进程逐渐增强，表现为盛夏期副高异常大于梅雨期，这种模态与热带印度洋和北大西洋 SST 偏高有关，热带 SST 异常强迫较强。除 1998 之外，另外一个强度较强的 El Niño 衰减年即 2010 年的情况与此类似。其二是副高异常随夏季季节进程减弱，这种模态与热带 SST 异常较弱特别是大西洋 SST 异常较弱有关。除这里分析的 2016 年外，1983 年也大体类似。在 6—7 月间，热带印度洋 SST 偏高，对流偏强，激发 Kelvin 波东传引起西太平洋地区反气旋环流异常，低层盛行辐散下沉气流，造成局地 SST 升高。当 8 月副高北进到较高纬度时，在高纬度盛行经向环流的情况下，能引起副高减弱并激发暖池对流发展，通过高低纬度遥相关进一步维持了副高的持续异常。

以前研究中注意到 El Niño 不同强度对东亚夏季风影响的差异（薛峰等，2007），但 1998 年和 2016 年的对比分析表明，除 El Niño 强度之外，还需要考虑 El Niño 的个性差异，特别是 El Niño 强迫对印度洋和大西洋 SST 异常的影响，包括 SST 异常的强度和分布。另外，由于东亚夏季风季节内变化的影响，6—7 月受印度洋影响较大，而 8 月由于西南夏季风环流减弱和东亚夏季风北进，受高纬度环流影响较大（薛峰，2008）。因此，6—7 月和 8 月东亚夏季风的影响因子存在很大差异，在预测时需要分别考虑。Goswami 等（2006）也指出由于亚洲夏季风的季节内变化，其季度可预测性是相当有限的，1998 年和 2016 年这两个强 El Niño 年的对比分析也进一步佐证了上述研究结果。因此，除季度预测之外，还要加强发展季节内尺度的预测，这样可以充分利用大气环流初始异常信息（如乌拉尔地区环流异常），从而进一步提高东亚夏季风和中国夏季降水的预测水平。

第 4 章　中等强度 El Niño 衰减年东亚夏季风的季节内变化

4.1　个例选取及其背景

在第 2 章中所述的 10 个 El Niño 个例中,除 3 个强 El Niño 事件(第 3 章),2004—2005 年事件 Niño 3.4 指数低于 1.0℃,其余 6 个事件 Niño 3.4 指数均介于 1.0~2.0℃之间,属于中等强度的 El Niño 事件(表 2.1)。与强 El Niño 事件相比,由于其强度偏弱,可以预期其对东亚夏季风的影响也较弱,而大气环流内部变化的影响随之增强。在上述 6 个中等强度的衰减年夏季,多数年份副高偏西偏强,这与合成结果类似,说明中等强度 El Niño 仍有重要影响,但副高的季节内变化则有很大差异,特别是 6—7 月的梅雨期。本章选取 1995 年和 2003 年这两个中等强度 El Niño 衰减年做对比分析。

图 4.1 为 1994—1995 年和 2002—2003 年 Niño 3.4 指数的时间演变,二者演变过程大体相似,均在年底前达到最大异常,其中后者最大值略高于前者,然后衰减,并在第二年春季结束。但衰减后的状态则有较大差异,前者转变成 La Niña,而后者则衰减成平常态,由此造成 1995 年和 2003 年夏季 SST 异常分布也有差异。如图 4.2 所示,由于 1995 年 El Niño 衰减较快,热带中东太平洋 SST 为显著负异常,而 2003 年则不太明显。另外,对东亚夏季风影响较大的热带印度洋和北大西洋的 SST 异常也有较大差异,1995 年热带印度洋 SST 异常不显著,而 2003 年 SST 明显偏高,热带北大西洋的异常分布大致与热带印度洋相反。

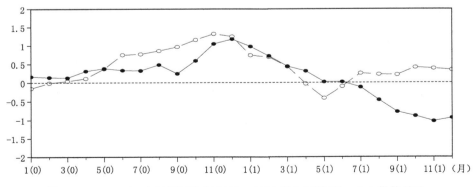

图 4.1　1994—1995 年(实线)和 2002—2003 年(虚线)Niño 3.4 指数(℃),
图中横坐标括号里的 0 代表发展年,1 代表衰减年

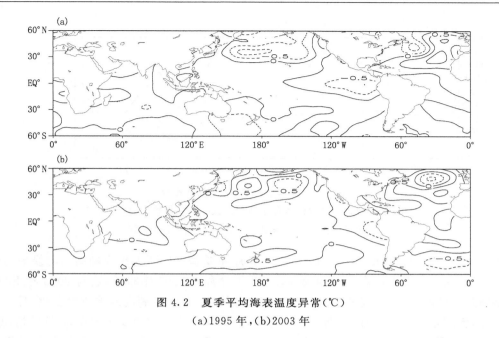

图 4.2　夏季平均海表温度异常(℃)

(a)1995 年,(b)2003 年

4.2　1995 年和 2003 年东亚夏季风的季节内变化

图 4.3 为 1995 年和 2003 年候平均副高指数。图 4.3a 显示 1995 年 6 月脊线偏南,之后呈现较为明显的南北振荡,但 2003 年则有所不同,除 6 月中旬和 8 月初各有一次短暂的振荡外,振荡不明显。两年副高均偏西,这与 El Niño 衰减年合成结果一致,但 2003 年偏西更显著,特别是 7 月 15 日之后,同时振荡也更强(图 4.3b)。与副高偏西一致,两年副高总体上偏强,但 1995 年主要是 6 月和 8 月,2003 年在 7 月中旬之后(图 4.3b)。

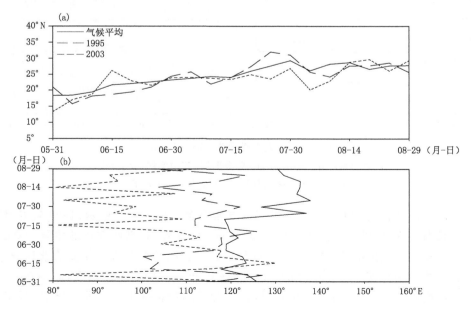

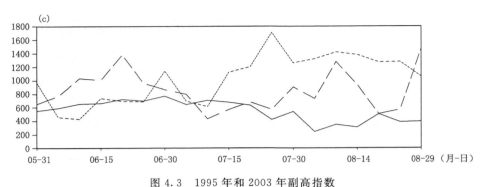

图 4.3　1995 年和 2003 年副高指数

(a)脊线指数(°N),(b)西伸指数(°E);(c)面积指数(无量纲)。

实线:气候平均,长虚线:1995 年,短虚线:2003 年

　　图 4.4 进一步给出 1995 年和 2003 年 6—8 月和夏季平均西太平洋副高。与候平均指数的结果一致,两年夏季平均副高偏西偏强,2003 年异常较 1995 年略强,这与 2003 年 El Niño 强度略强是一致的,表明副高异常与 El Niño 强度有关。但由于副高的季节内变化,月际间有明显差异,特别是 6—7 月的梅雨期。在 6 月份,1995 年偏西而 2003 年偏东,7 月的情况与 6 月大致相反。因此,从 6 月到 7 月,1995 年从强变弱,而 2003 年则从弱变强,两年副高经历了几乎完全相反的变化。

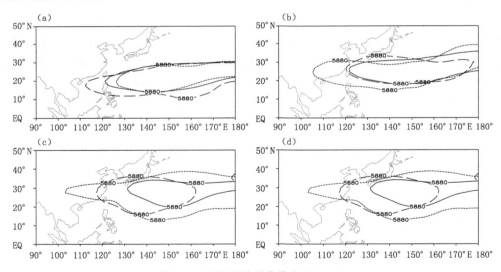

图 4.4　西太平洋副热带高压(gpm)

(a)6 月,(b)7 月,(c)8 月,(d)夏季平均,其中实线为气候平均,

长虚线和短虚线分别为 1995 年和 2003 年

　　上述月际间的变化与欧亚大陆高纬度环流异常有关。如图 4.5 所示,1995 年 6 月欧亚大陆高纬度环流异常从西到东的分布为反气旋、气旋、反气旋,副高西部以北主要为南风异常。与此相反,2003 年高纬度环流异常呈气旋、反气旋、气旋分布,副高以北主要为北风异常,而北风异常所造成的冷平流使位势高度降低。因此,1995 年 6 月副高偏西偏强,而 2003 年偏东偏弱。7 月环流形势与 6 月完全不同(图 4.6),1995 年 7 月副高北部为偏北风异常,而 2003 年 7

月副高北部为偏南风异常,副热带西太平洋为反气旋异常,由此造成 1995 年 7 月副高减弱并接近气候平均,而 2003 年 7 月则明显偏西偏强,变化趋势与 6 月完全相反。

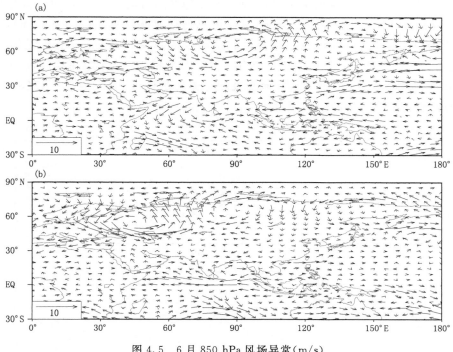

图 4.5　6 月 850 hPa 风场异常(m/s)

(a)1995 年;(b)2003 年

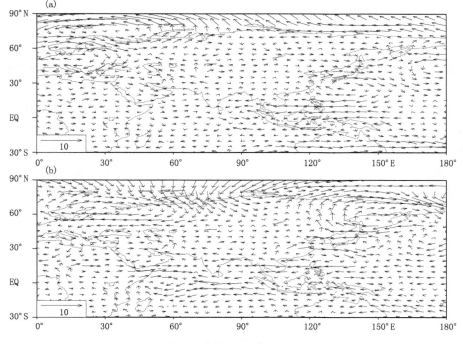

图 4.6　同图 4.5,但为 7 月

　　除欧亚大陆环流影响外,热带强迫尤其是暖池对流异常对这两年副高的月际变化也起到重要作用,这主要体现在 1995 年 6 月和 2003 年 7 月。图 4.7 为 1995 年 6 月和 2003 年 7 月 OLR 异常,副热带西太平洋对流明显偏弱,而中纬度地区对流增强,高低纬度之间形成明显的遥相关,热带和副热带地区为反气旋异常,进而造成副高加强西伸(图 4.5 和 4.6),2003 年 7 月暖池对流异常较强,副高西伸也比较显著。这与合成结果一致,说明副高变化主要与 El Niño 强迫有关。此外,1995 年 7 月和 2003 年 6 月副高的变化与合成结果相反,从另一个方面说明 El Niño 强迫是否显著还与高纬度环流变化有关。在有利的环流背景下,暖池对流减弱,El Niño 的影响就比较明显,反之则不明显。

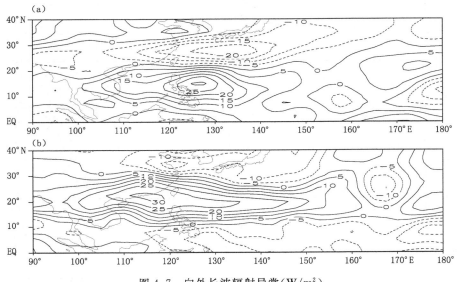

图 4.7　向外长波辐射异常(W/m²)
(a)1995 年 6 月,(b)2003 年 7 月

　　进一步分析副高逐候之间的变化情况,可以发现 1995 年 6—7 月副高的主要变化在第 35 候(6 月 20—24 日)和第 36 候(6 月 25—29 日)之间,而 2003 年则在第 36 候和第 37 候(6 月 30 日—7 月 4 日)之间。如图 4.8 所示,1995 年在第 35 候和第 36 候间副高从 100°E 东退到 115°E,而 2003 年在第 36 候和第 37 候间则经历了完全相反的变化。副高的变化与高纬度环流和热带环流变化有关,在 1995 年第 36 候(图 4.9a),东北亚地区出现显著的偏北风异常,所造成的冷平流异常促使副高减弱东退。同时,类似于 2016 年 8 月的情况(第 3 章),偏北风异常造成暖池对流发展,并通过高低纬度之间遥相关进一步维持了副高的持续异常。在 2003 年

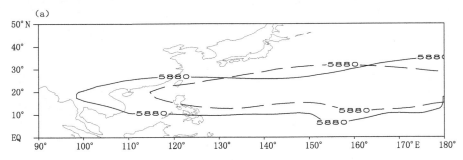

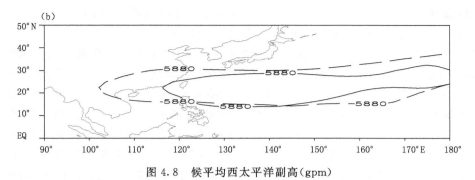

图 4.8　候平均西太平洋副高（gpm）

(a)1995 年第 35 候（实线）和第 36 候（虚线），(b)2003 年第 36 候（实线）和第 37 候（虚线）

第 37 候（图 4.9b），由于暖池对流减弱，副热带西太平洋出现反气旋异常，日本东部为气旋异常，东北亚地区为偏南风异常，有利于副高加强西伸。与月平均变化一致，副高的减弱东退主要与高纬度环流变化有关，而副高的加强西伸则主要取决于热带环流变化，由此造成副高显著的东西振荡。

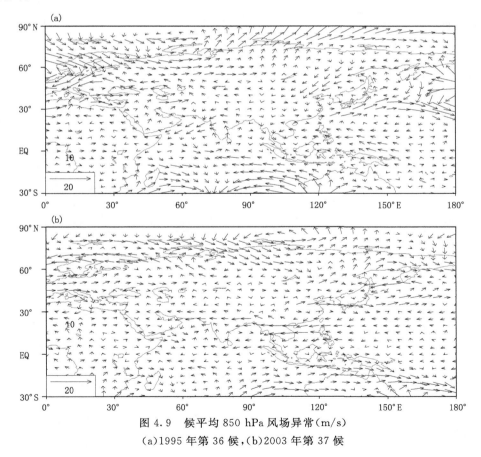

图 4.9　候平均 850 hPa 风场异常（m/s）

(a)1995 年第 36 候，(b)2003 年第 37 候

与 6—7 月不同，8 月高纬度环流异常不显著，对副高变化影响较弱。此外，8 月副高北进到较高纬度后，南半球环流影响一般也较弱。图 4.4c 显示两年 8 月副高表现为一致偏西偏

强,说明盛夏期 El Niño 影响较梅雨期更为显著,这与合成结果一致(第 2 章)。另外,由于 2003 年 El Niño 强度略强,副高异常较 1995 年也更为显著。

虽然这两年夏季平均副高均呈现偏西偏强的特征,但由于高纬度环流对副高的影响及其对 El Niño 信号的调制作用,副高的季节内变化完全不同,特别是 6—7 月。因此,两年东亚地区夏季降水异常分布也有明显差异(图 4.10)。1995 年夏季,华南和华北多雨,而江淮流域少雨,降水分布为北方型。而 2003 年与 1995 年大致相反,华南和华北少雨,江淮流域多雨,降水分布为中间型。此外,图 4.10a 中 1995 年夏季降水的分布在江淮流域从西到东是不连续的,也在一定程度上佐证了各种信号之间的叠加影响。两年降水异常也有一些相同之处,菲律宾以东降水均明显偏少,暖池对流偏弱,这体现了 El Niño 的强迫影响。1995 年暖池降水异常较 2003 年更显著,说明 El Niño 的强迫不仅与自身强度有关,也与 El Niño 衰减之后造成的 SST 异常有关。对比图 4.2 中两年夏季 SST 异常可以发现,1995 年夏季热带北大西洋 SST 异常较 2003 年更明显,这与第 3 章中强 El Niño 衰减年类似,这也进一步说明热带北大西洋的 SST 异常对东亚夏季风有重要影响。

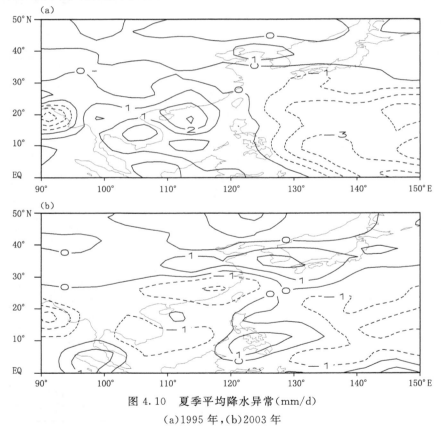

图 4.10　夏季平均降水异常(mm/d)
(a)1995 年,(b)2003 年

4.3　小结

1995 年和 2003 年的对比分析表明,即使在两个中等强度 El Niño 衰减年夏季,由于欧亚大陆高纬度环流变化以及对 El Niño 信号的调制作用,以西太平洋副高为代表的东亚夏季风环流仍可能出现完全不同的变化,进而导致中国东部降水呈现不同的分布特征。换言之,东亚夏季风环流和中国东部夏季降水对中等强度 El Niño 信号的响应在相当程度上受到中高纬度环流变化的影响,尤其是 6—7 月江淮梅雨期间。同时,个例分析还进一步证实了第 2 章中的合成分析结果,El Niño 对东亚夏季风的影响随季节进程有明显变化,6—7 月影响较弱,而 8 月影响较强。因此,在中等强度 El Niño 衰减年,不能仅依赖 El Niño 信号来预报梅雨。

1995 年和 2003 年两年东亚夏季降水的显著差异还表明,由于 El Niño 信号相对较弱,即使在中国南方如江淮流域和华南地区,降水异常也可能出现完全相反的分布特征,这与第 3 章中强 El Niño 衰减年夏季降水异常的结果有所不同。因此,为进一步提高中国夏季降水的预测水平,除 El Niño 信号之外,还必须考虑其他因子如高纬度环流等。另外,也必须进一步加强东亚夏季风的季节内预测。

除这里所分析的 1995 年和 2003 年外,在中等强度 El Niño 衰减年,还存在副高在夏季期间一致偏西偏强的型态,典型的如 2007 年和 2010 年,中国夏季降水分布以中间型为主,这类似于第 3 章中 1998 年的结果,说明东亚夏季风异常主要受 El Niño 强迫影响。在此情况下,高纬度环流异常不太显著,因而 El Niño 的影响占据主导地位。因此,与强 El Niño 衰减年相比,东亚夏季风的季节内变化更为复杂,预测也更为困难。

第 5 章　El Niño 发展年东亚夏季风的季节内变化

5.1　个例选取及其背景

　　第 2 章中的合成结果表明,El Niño 对东亚夏季风的影响主要表现在衰减年夏季。与衰减年相比,发展年东亚夏季风异常明显偏弱,特别是梅雨期。但到盛夏期,由于暖池对流增强以及 El Niño 的强迫影响,西太平洋地区出现气旋异常,位势高度场降低,由此造成西太平洋副高减弱东退。

　　另一方面,由于 El Niño 发展年热带 SST 异常较弱,东亚夏季风的季节内变化则更为复杂,本章分析的 1991 年和 1997 年就是其中典型的例证。图 5.1 为 1991—1992 年和 1997—1998 年 Niño 3.4 指数的演变,其中前者起始和衰减于平常态,而后者均为 La Niña 状态。另外,后者发展速度更快,异常强度也明显强于前者。在发展年夏季,后者 Niño 3.4 指数超过 1.0℃,而前者则低于 1.0℃。图 5.2 为 1991 年和 1997 年夏季平均的 SST 异常分布。随着 El Niño 的发展,两年夏季中东太平洋均明显偏暖,1997 年 SST 异常明显强于 1991 年,最大异常位于秘鲁沿海。但由于 1991 年 El Niño 发展较慢,最大异常位于日界线以东,日界线附近的 SST 异常反而略高于 1997 年。另外值得注意的是热带印度洋,1991 年明显偏暖,部分区域高于 0.5℃,而 1997 虽然也偏暖,但偏暖范围较小,下一节的分析表明上述 SST 异常特征对东亚夏季风的季节内异常有重要影响。

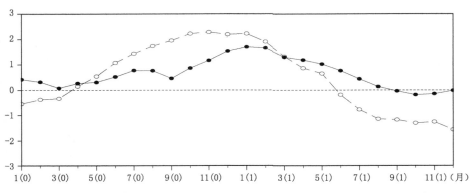

图 5.1　1991—1992 年(实线)和 1997—1998 年(虚线)Niño 3.4 指数(℃),
图中横坐标括号内的 0 代表发展年,1 代表衰减年

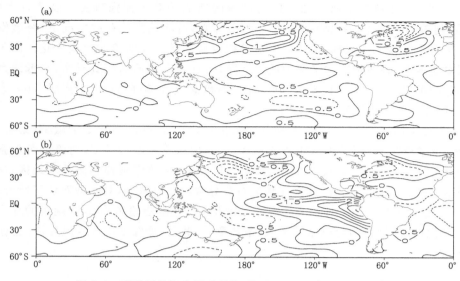

图 5.2　夏季平均海表温度异常(℃),(a)1991 年,(b)1997 年

5.2　1991 年和 1997 年东亚夏季风的季节内变化

图 5.3 为 1991 年和 1997 年 6—8 月和夏季平均的西太平洋副高。与合成结果相反,1991年 6—7 月副高偏西偏强,8 月则与合成结果相似,呈现偏东偏弱的态势。与 1991 年相反,1997 年 6—7 月副高偏东偏弱,与合成结果相似,而 8 月则略微偏西偏强,与合成结果相反。因此,这两年副高异常特征可以概括为 6—7 月与 8 月相反,1991 年与 1997 年相反。夏季平均副高与 6—7 月相似,1991 年副高偏西偏强,1997 年偏弱偏东。

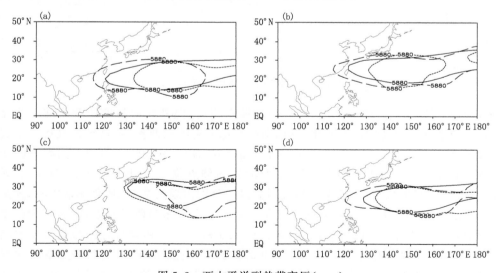

图 5.3　西太平洋副热带高压(gpm)

(a)6 月,(b)7 月,(c)8 月,(d)夏季平均。其中实线为气候平均,

长虚线和短虚线分别为 1991 年和 1997 年

　　1991年6—7月副高偏西偏强与印度洋偏暖造成的对流偏强有关。以7月为例,如图5.4a所示,阿拉伯海到孟加拉湾一带OLR为负异常,对流偏强。在此情况下,将激发Kelvin波并向东传播引起暖池对流减弱,形成印度洋和西太平洋之间对流的反向变化。由于菲律宾以东地区对流偏弱,副热带西太平洋为反气旋异常,日本东北部为气旋异常,高低纬度之间出现典型的遥相关(图5.5a),由此造成1991年7月副高偏西偏强,这类似于El Niño衰减年的合成结果(第2章),6月与7月基本相同。

　　与6—7月不同,8月暖池对流增强并向东扩展,对El Niño强迫更加敏感(第2章)。图5.4b显示,菲律宾以东为大范围OLR负异常,最小值低于—30 W/m²,对流显著偏强。对应于对流的异常变化,西太平洋地区出现大范围气旋异常,从热带延伸到高纬度地区,从而造成副高减弱东退(图5.5b)。另外,印度洋地区对流异常较7月减弱,对暖池对流影响开始减弱。因此,由于暖池地区对流在8月的季节内增强以及El Niño强迫影响,8月副高的异常变化与6—7月是相反的,其异常与合成结果类似(第2章)。此外,低纬度出现西风异常,也有利于El Niño的发展。

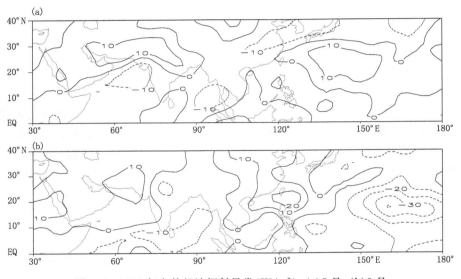

图 5.4　1991年向外长波辐射异常(W/m²),(a)7月,(b)8月

　　与1991年完全不同,1997年6—7月副高偏东偏弱,但其异常强度比合成结果明显偏强(图5.3)。如果分析副高的逐候变化,发现副高呈现显著的东西振荡,这与大气扰动引起暖池对流发展有关。下面以第32候(6月5—9日)和第33候(6月10—14日)之间副高的变化为例来说明。图5.6a显示副高在第32候偏西偏强,西伸点位于92°E。由于El Niño发展造成中东太平洋SST变暖影响,菲律宾和澳大利亚以东分别出现两个OLR负异常中心,这是典型的Gill型强迫。日本东部和澳大利亚为气旋异常,150°E以东为西风异常,同时热带印度洋为东风异常,OLR为正异常,印度夏季风减弱(图5.6b和c)。上述异常特征与数值模拟结果类似,说明与El Niño强迫有关(Lau et al.,2000)。此外,贝加尔湖一带出现显著偏北风异常并南下到华南,引起该地区对流发展,同时澳大利亚以东越赤道气流加强并北进到暖池地区。受此影响,菲律宾以东对流在第33候迅速发展,OLR异常中心小于—40 W/m²(图5.7c)。暖池对流的发展在副热带西太平洋激发出气旋异常,日本北部海域为反气旋异常,高低纬度之间

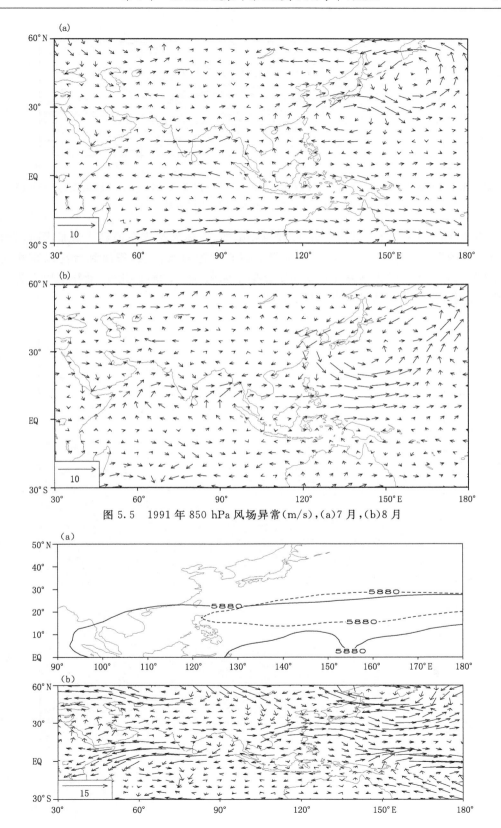

图 5.5　1991 年 850 hPa 风场异常(m/s),(a)7 月,(b)8 月

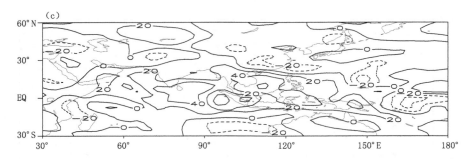

图 5.6　(a)1997 年第 32 候西太平洋副高(实线),虚线为气候平均(gpm),(b)第 32 候 850 hPa
风场异常(m/s),(c)第 32 候向外长波辐射异常(W/m²)

形成遥相关(图 5.7b),随之副高在第 33 候急剧减弱,主体大幅度东退到 142°E(图 5.7a)。随
着暖池对流的发展和维持,1997 年 6 月菲律宾以东暖池对流偏强,华南到台湾以东洋面为气
旋异常(图 5.8),这种形势导致 6 月副高明显偏东偏弱(图 5.3a)。此外,菲律宾以东为显著西
风异常,有利于 El Niño 的继续发展(图 5.8b)。

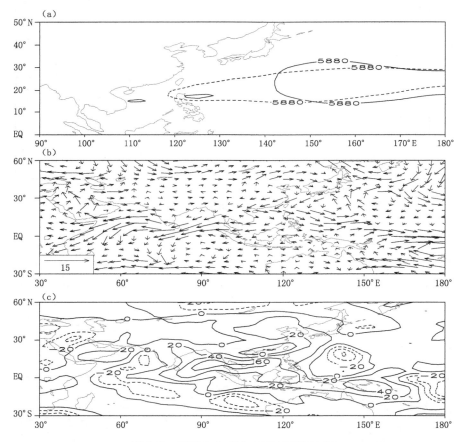

图 5.7　同图 5.6,但为 1997 年第 33 候

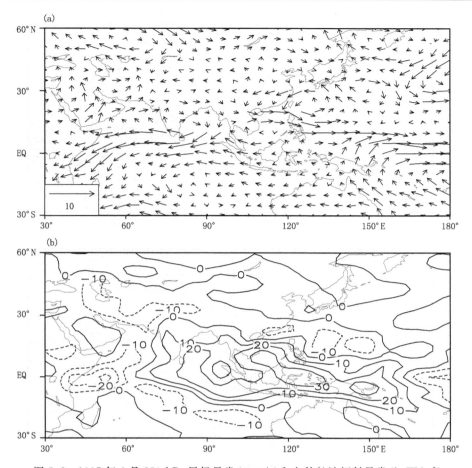

图 5.8　1997 年 6 月 850 hPa 风场异常(a,m/s)和向外长波辐射异常(b,W/m²)

　　类似于上述 6 月初副高的东退,7 月中旬副高又发生了一次东退过程,导致 7 月和 6 月副高异常基本相同。因此,1997 年 6—7 月副高显著偏弱偏东。在上述过程中,El Niño 发展造成的 SST 异常起到背景场的作用,而来自高纬度的偏北风异常和澳大利亚东部的越赤道气流则直接触发了暖池对流的发展,暖池对流异常的维持进一步造成了副高在 6—7 月偏东偏弱的态势。与 1991 年相比,由于 1997 年 El Niño 发展偏快偏强,其影响提前到 6—7 月。

　　与 6—7 月完全不同,1997 年 8 月副高则略微偏强(图 5.3c),这有两方面原因,其一是前期暖池对流显著偏强,但对流偏强能造成 SST 降低,反过来又会抑制对流的进一步发展,这类似于 La Niña 年暖池对流和 SST 的负反馈关系(Xue et al.,2017;薛峰等,2017)。如图 5.9 所示,虽然 1997 年 8 月菲律宾以东 OLR 仍然为负异常,但异常较弱,范围也较小。对应于这个 OLR 异常中心,菲律宾以东出现一个范围较小的气旋异常,日本南部则为反气旋异常。由于 8 月副高主体位于日本南部(图 5.3c),日本南部的反气旋异常使副高趋于加强。其二,与 6—7 月不同的是,8 月印度夏季风转成偏强,从印度洋到南海为西风异常,这种形势也有利于副高的加强西伸(薛峰等,2005)。因此,8 月副高反而转变成偏强的态势。

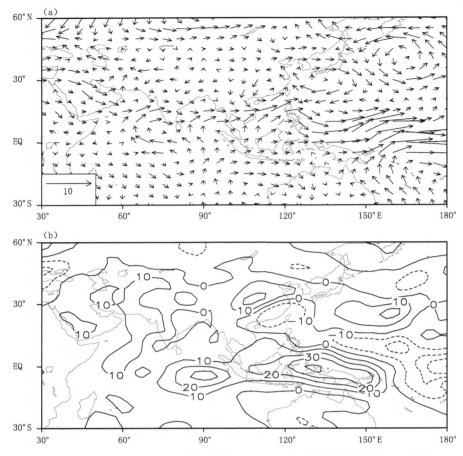

图 5.9　1997 年 8 月 850 hPa 风场异常（a,m/s）和向外长波辐射异常（b,W/m²）

　　由于 1991 年和 1997 年夏季副高特别是 6—7 月的变化趋势相反,这两年中国东部夏季降水异常也呈现相反的分布(图 5.10)。1991 年长江以南降水偏少而以北降水偏多,这与 El Niño 发展年的合成结果相反(第 2 章)。1997 年华南降水偏多,长江以北地区偏少。此外,南海和菲律宾以东的降水变化也基本相反。但在印尼一带,两年降水均一致偏少,1997 年 El Niño 较 1991 年偏强,降水偏少也更为明显。

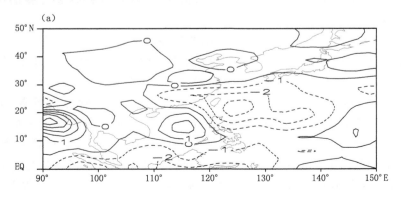

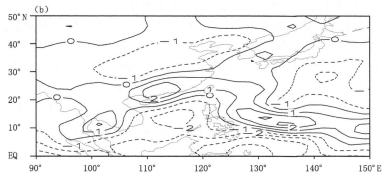

图 5.10　夏季平均降水异常(mm/d),(a)1991 年,(b)1997 年

5.3　小结

　　1991 年和 1997 年均为 El Niño 发展年,但两年西太平洋副高呈现完全不同的季节内变化。1991 年夏季印度洋偏暖,6—7 月暖池对流偏弱,西太平洋地区出现反气旋异常,副高偏西偏强,这与 El Niño 衰减年的结果类似(如第 3 章中的 1998 年和 2016 年),但与发展年合成结果相反(第 2 章)。由于 8 月暖池对流的季节内增强以及 El Niño 发展的影响,8 月暖池对流显著增强,西太平洋为大范围气旋异常,随之副高减弱东退。因此,1991 年副高的季节内变化主要是印度洋和中太平洋 SST 异常强迫所造成的。

　　1997 年副高的季节内变化与 1991 年基本相反,6—7 月副高偏东偏弱,而 8 月略微偏强。1997 年 El Niño 发展速度快,中东太平洋 SST 异常较强,造成 6—7 月暖池对流偏强,同时来自欧亚大陆高纬度北风异常以及南半球的越赤道气流则直接触发了暖池对流发展,而暖池对流的维持则造成 6—7 月副高减弱东退。但由于 6—7 月暖池对流持续偏强,8 月暖池对流虽然仍然偏强,但异常强度较小,同时印度夏季风转为偏强,二者的共同作用造成 8 月副高转为偏强。另一方面,1997 年夏季来自高纬度的偏北风异常较强,不仅通过冷平流异常造成副高减弱东退,而且能引起暖池对流发展,在西太平洋形成异常气旋,热带出现显著的西风异常。已有研究表明(薛峰等,2007;刘长征等,2008),西风异常能激发 Kelvin 波东传,有利于 El Niño 的发展,1997 年 El Niño 发展速度较快与此有关;而 1991 年 6—7 月副高偏西偏强,热带西太平洋西风异常偏弱,不利于 El Niño 的发展。因此,El Niño 发展年副高的减弱东退与 El Niño 的发展呈现一种共生关系,在预测 El Niño 发展时需要考虑副高的异常变化,同时准确预测 El Niño 的发展也有利于东亚夏季风的预测。

　　1991 年虽为 El Niño 发展年,但副高的季节内变化却与第 3 章中 El Niño 衰减年的 2016 年有诸多相似之处,即 6—7 月副高偏西偏强,而 8 月则逆转为偏东偏弱,呈现出显著的季节内变化。两年中 6—7 月副高偏西偏强均与印度洋 SST 偏高有关,但 8 月副高的逆转成因则有所不同。第 3 章中的分析表明,2016 年 8 月副高偏弱主要是由于高纬度环流引起的北风异常所造成,而 1991 年则主要是由于中太平洋 SST 异常强迫造成。两种情况下的共同特征表现为暖池对流的增强,对流偏强时,西太平洋为气旋异常,随之副高减弱东退。因此,在预测副高的季节内变化时,要重点考虑暖池对流的变化。

　　在第 2 章中所述的 10 个 El Niño 发展年中,除个别年份如 2002 年副高在 6—8 月一致偏东外,其余年份的季节内变化则非常复杂,但至少有 1 个月副高表现为偏东,这种共性也进一步说明 El Niño 的发展与副高减弱东退有密切关系。至于中国东部夏季降水异常的分布则更为复杂,除合成结果中的南方型降水外(第 2 章),北方型和中间型降水在 El Niño 发展年中均存在。与 El Niño 衰减年相比,由于发展年来自热带 SST 异常的强迫偏弱,东亚夏季风和中国夏季降水的预测可靠性更低,本章分析中发现的 1991 年和 1997 年东亚夏季风相反的异常变化也说明了这一点。因此,在 El Niño 发展年,加强东亚夏季风的季节内预测显得更为必要。

第 6 章　强 La Niña 年东亚夏季风的季节内变化

6.1　个例选取及其背景

　　第 2 章的分析表明,虽然 La Niña 年的 SST 异常分布总体上与 El Niño 年相反,但有两点不同,一是 La Niña 持续时间比 El Niño 长,二是 La Niña 的异常强度较 El Niño 偏弱。因此,划分 La Niña 的强度标准与 El Niño 应有所不同。在 1979—2016 年期间,冬季月平均 Niño 3.4 指数最小值低于 −1.5℃ 的 La Niña 年仅有 3 年,即 1989 年、1999 年和 2000 年,属于强 La Niña 年,其中后者持续时间超过 2 年,这里选取 1989 年和 1999 年来对比分析强 La Niña 年东亚夏季风的季节内变化。图 6.1 为 1988—1989 年和 1998—1999 年 Niño 3.4 指数的时间演变,二者均源于两次 El Niño 事件的衰减,其中前者在冬季 Niño 3.4 指数小于后者,从冬到夏二者的绝对值减小,但后者减小的幅度偏慢,到夏季的绝对值反而超过前者,导致 La Niña 状态持续到 2000 年,属于长 La Niña 事件。图 6.2 为 1989 年和 1999 年夏季平均的 SST 异常分布,受 La Niña 事件影响,热带太平洋和印度洋在两年均明显偏冷,但菲律宾以东的暖池地区则有很大差别,1989 年偏冷而 1999 年偏暖,这种差别将影响到两年东亚夏季风的季节内变化。

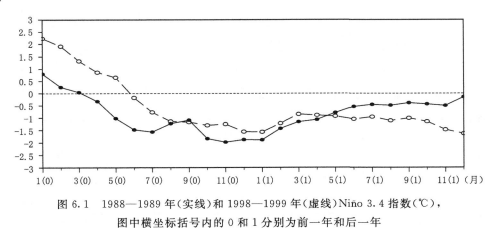

图 6.1　1988—1989 年(实线)和 1998—1999 年(虚线)Niño 3.4 指数(℃),
图中横坐标括号内的 0 和 1 分别为前一年和后一年

6.2　1989 年和 1999 年东亚夏季风的季节内变化

　　图 6.3 为 1989 年和 1999 年 6—8 月和夏季平均的西太平洋副高,两年夏季平均副高均偏向东北,强度偏弱,1989 年更为显著,这种异常特征与 La Niña 年合成结果相似(第 2 章)。另

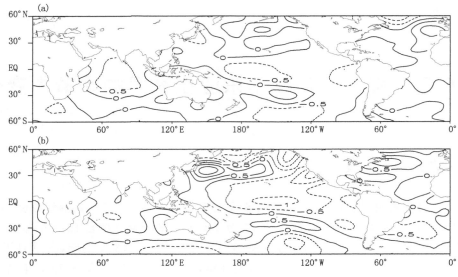

图 6.2　夏季平均海表温度异常(℃)

(a)1988 年,(b)1999 年

一方面,两年副高的季节内变化则存在显著差异,1989 年 6 月副高偏西,但 7—8 月偏东偏弱,8 月与气候平均差异达到最大,呈现持续减弱的态势。1999 年夏季各月均偏东,7 月与气候平均差异达到最大,这与 La Niña 年合成结果完全一致,表明 1999 年副高异常受 La Niña 影响较强。

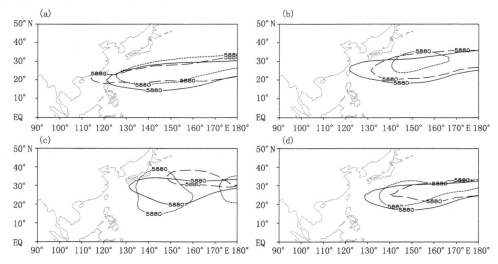

图 6.3　西太平洋副热带高压,其中实线为气候平均,长虚线和短虚线分别为 1989 年和 1999 年(gpm)

(a)6 月,(b)7 月,(c)8 月,(d)夏季平均

如上所述,1989 年和 1999 年 6 月副高呈现相反的异常变化,这与两年 SST 异常分布不同造成的暖池对流异常不同有关(图 6.2)。如图 6.4 所示,1989 年 6 月菲律宾以东 OLR 为正异常,而 1999 年 6 月南海到菲律宾以东为负异常,但由于暖池地区 SST 异常强度较弱,而且 6

月暖池对流也未能充分发展,6 月对流异常强度也较弱,结果造成 1989 年副高略为偏西,1999 年略为偏东。

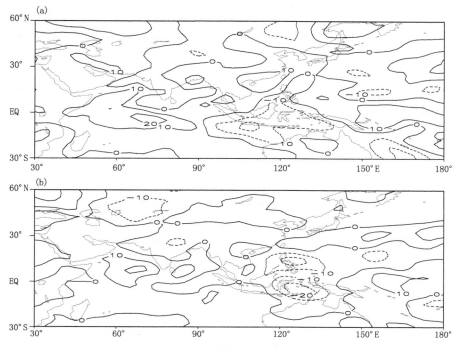

图 6.4　6 月向外长波辐射异常(W/m²)

(a)1989 年,(b)1999 年

随着暖池地区对流在 7 月的发展,La Niña 的影响开始增强。图 6.5 为 7 月 OLR 异常,两年的共同特征表现为副热带西太平洋地区对流增强,但 1999 年异常强度明显偏大,OLR 最小值约为 1989 年的 2 倍,这与 1999 年暖池 SST 偏高有关(图 6.2)。此外,中国东部也有较大差异,1989 年江淮流域对流偏强,而 1999 年华南对流偏强。对应于热带对流的异常变化,热带东风偏强,850 hPa 风场异常显示副热带地区为气旋异常,日本东部为反气旋异常,高低纬度之间呈现出典型 La Niña 年的遥相关(图 6.6)。但由于 1989 年 OLR 异常较弱,气旋异常不如 1999 年明显。因此,两年 7 月副高均偏弱偏东,但 1999 年异常更为显著(图 6.3b)。

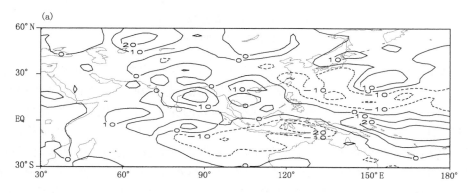

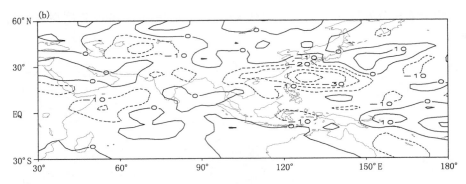

图 6.5　7 月向外长波辐射异常（W/m²）

(a)1989 年,(b)1999 年

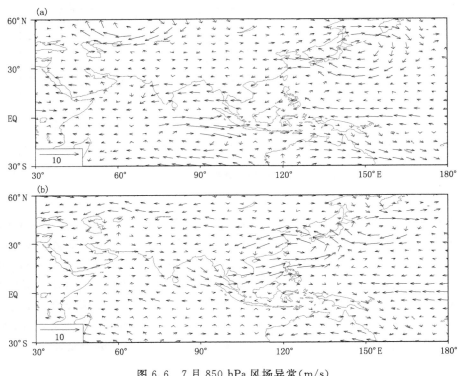

图 6.6　7 月 850 hPa 风场异常（m/s）

(a)1989 年,(b)1999 年

　　需要注意的是,尽管 6—7 月间副高异常受 La Niña 影响很大,但副高仍然呈现出显著的东西振荡。由于 1989 年 La Niña 影响较弱,副高的振荡则尤为明显。下面以 1989 年第 33 候 (6 月 10—14 日)和第 35 候(6 月 20—24 日)之间副高的变化为例来做进一步说明。如图 6.7 所示,第 33 候印度附近 OLR 为负异常,对流增强,印度到中南半岛为西风异常,通过激发 Kelvin 波东传引起南海到菲律宾一带对流减弱,南海附近为反气旋异常,结果造成副高持续向西伸展,1989 年 6 月副高偏西与此有关。到第 35 候(图 6.8),由于印度一带对流减弱,对暖池对流的影响减弱,而 La Niña 的影响开始显现出来。中国南海和菲律宾一带对流增强,副热带西太平洋为气旋异常,从而造成副高明显东退。与 1989 年相比,由于 1999 年 La Niña 信号偏强,副高异常主要受 La Niña 影响,6—7 月间副高季节内振荡不如 1989 年显著。

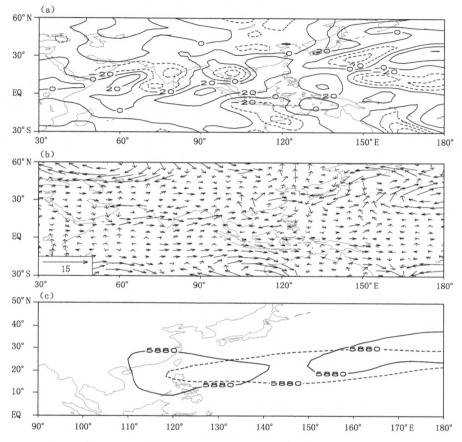

图 6.7　1989 年第 33 候向外长波辐射异常(a,W/m²),850 hPa 风场异常(b,m/s)和
西太平洋副高(c,实线),其中虚线为气候平均(gpm)

　　由于 7 月暖池对流偏强造成局地 SST 降低,8 月 OLR 异常分布与 7 月有所不同(图 6.9)。1989 年主要对流区北移到日本东南部洋面,1999 年暖池对流则转变为偏弱,主要对流区位于副热带。对应于 OLR 的异常变化,1989 年日本东南部为气旋异常,其东北方向为反气旋异常(图 6.10a),副高偏向东北,强度明显减弱(图 6.3c)。1999 年由于 7 月暖池对流发展旺盛,8 月对流反而偏弱(图 6.9b),台湾以东洋面为显著反气旋异常,日本东南部洋面为较弱气旋异常(图 6.10b),由此造成副高分裂,但其西部单体则趋于偏强(图 6.3c)。与 1989 年不同的是,1999 年副高异常强度较 7 月偏弱,这与 La Niña 年合成结果一致,显示 1999 年 La Niña 的影响更为显著。此外,印尼附近 OLR 为负异常,对流偏强,而日界线以西 OLR 为正异常,造成热带东风偏强,这与 7 月一致(图 6.5 和 6.6),说明 La Niña 对热带环流的影响较为稳定,季节内变化不如副热带地区明显。

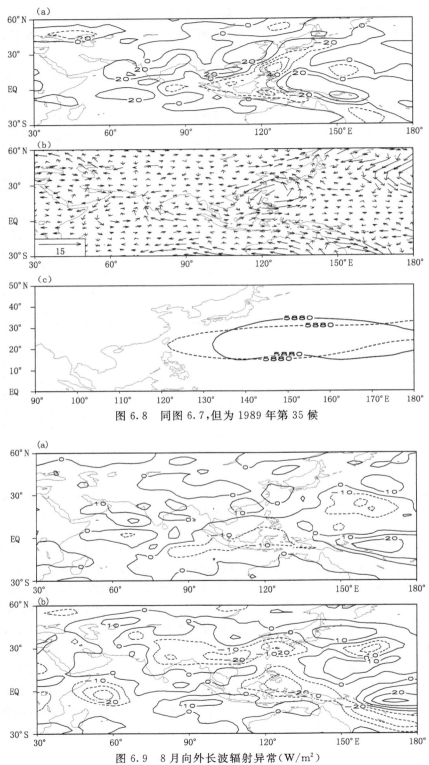

图 6.8　同图 6.7,但为 1989 年第 35 候

图 6.9　8 月向外长波辐射异常(W/m²)

(a)1989 年,(b)1999 年

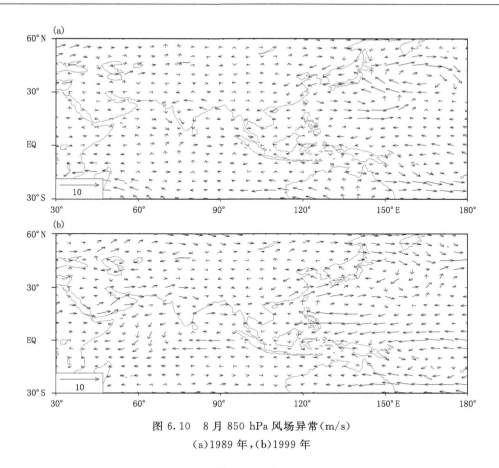

图 6.10　8 月 850 hPa 风场异常(m/s)

(a)1989 年,(b)1999 年

　　由于 La Niña 年西太平洋地区 SST 偏高,对流加热显著,副高提前东退,8 月副高更易于分裂成不同的单体,这与 6—7 月副高的东西振荡有所不同。以 1989 年第 45 候(8 月 9—13 日)和第 46 候(8 月 14—18 日)之间副高的变化为例,如图 6.11 和 6.12 所示,在第 45 候东北亚地区为偏北风异常并向南延伸,日本南部对流发展,出现气旋异常,副热带西太平洋和日本东部洋面为反气旋异常,结果造成副高分裂为两个单体。到第 46 候(图 6.12),气旋异常进一步发展并占据西太平洋大部分地区,随之副高急剧东退,强度大为减弱,1989 年 8 月副高偏弱与这次变化过程有关。

　　受 La Niña 影响,两年夏季平均副高均呈现偏东偏弱的特征,1999 年副高季节内变化与 La Niña 年合成结果相似,而 1989 年由于 La Niña 影响偏弱以及其他因子的影响,副高在 6—8 月间逐渐减弱,造成两年 8 月副高差异显著。在此情况下,中国东部夏季降水分布也呈现明显差异,1989 年长江以南降水明显偏少,这与 6 月副高偏西有关(图 6.13a)。1999 年长江流域降水偏多,黄淮流域降水偏少,与 1989 年有明显差异,也不同于 La Niña 年的合成结果(图 6.13b)。此外,由于 La Niña 影响造成暖池地区对流偏强,两年降水均偏多,但也存在较大差异,1989 年由于 8 月对流偏强,副高偏弱,主要降水区域偏东,而 1999 年 7 月对流偏强,主要降水区域位于中国台湾和菲律宾以东地区。

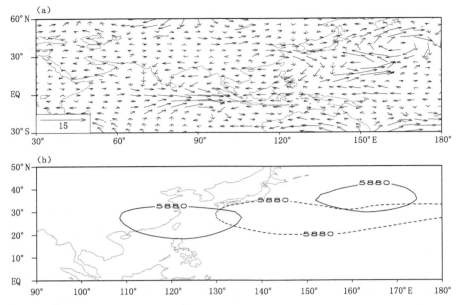

图 6.11　1989 年第 45 候 850 hPa 风场异常(a,m/s)和西太平洋副高(b,实线),
其中虚线为气候平均(gpm)

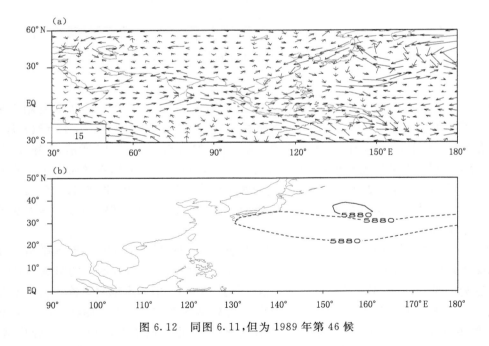

图 6.12　同图 6.11,但为 1989 年第 46 候

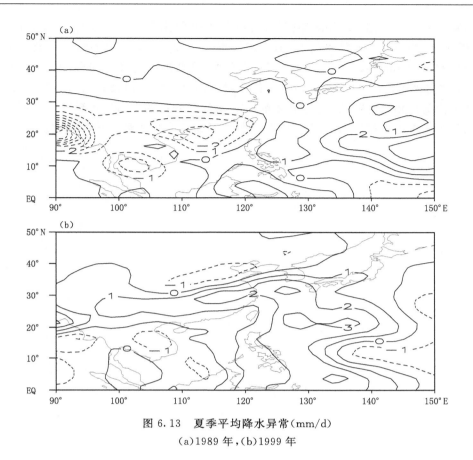

图 6.13　夏季平均降水异常(mm/d)
(a)1989 年,(b)1999 年

6.3　小结

　　1989 年和 1999 年是两个强度相当的 La Niña 年,两年副高均偏东偏弱,表明 La Niña 对东亚夏季风的强弱变化有显著影响。两年副高的季节内变化有较大差异,1999 年与 La Niña 年合成结果相似,与气候平均差异在 7 月达到最大,说明 La Niña 影响较强。但 1989 年 6—8 月则呈现持续偏弱的趋势,6 月偏西与印度夏季风的强迫有关,而 8 月副高显著偏弱则与高纬度环流变化有关,从而造成 1989 年副高的季节内变化与 La Niña 年合成结果有显著差异。因此,虽然 1989 年夏季平均副高较 1999 年偏弱,但 1999 年 La Niña 影响更强。换言之,La Niña 的影响不仅表现在夏季平均的异常,还表现为副高的季节内变化与合成结果的差异程度。

　　另一方面,虽然 1989 年冬季 La Niña 强度比 1999 年偏强,但由于从冬到夏的演变趋势相反,1999 年夏季 La Niña 信号反而更强,暖池地区 SST 偏高,导致 La Niña 对东亚夏季风影响更加显著。因此,La Niña 的影响不仅与其前期强度有关,还与夏季 SST 异常特别是暖池地区 SST 异常分布有关,这与第 3 章中分析强 El Niño 影响的结论是类似的。因此,La Niña 的准确预测有利于预测东亚夏季风的异常变化。

　　需要注意的是,由于 La Niña 年西太平洋地区对流偏强,副高偏东偏弱,导致副高与中国东部夏季降水的关系不如 El Niño 年密切。例如,1999 年副高季节内变化与 La Niña 合成结果一致,但 1999 年长江流域降水偏多,与合成结果几乎相反,2000 年的情况与此类似。在另外两个较强的 La Niña 年即 2008 年和 2011 年夏季,虽然副高均偏弱偏东,但 2008 年华南多雨,2011 年北方多雨。因此,虽然 La Niña 信号对副高有较好的预报意义,但对中国东部夏季降水的预报价值是相当有限的,这与第 2 章和第 3 章中分析的 El Niño 衰减年有所不同。在预测 La Niña 年东亚夏季风和中国夏季降水时,需要综合考虑多种因子的影响。

第 7 章　中等强度 La Niña 年东亚 夏季风的季节内变化

7.1　个例选取及其背景

　　除上一章中分析的强 La Niña 事件外,其他一些事件强度略低,其最大 Niño 3.4 指数绝对值在 1℃左右,属于中等强度的 La Niña 事件。1985 年和 1996 年冬季 Niño 3.4 指数最小值分别为-1.3℃和-1.0℃,是典型的中等强度 La Niña 年。如图 7.1 所示,1985 年 La Niña 事件源自 1984 年 La Niña 事件的继续发展,而 1996 年 La Niña 事件则是 1994—1995 年 El Niño 事件衰减的结果。图 7.2 和 7.3 为这两年春季和夏季 SST 异常分布,受 La Niña 事件影响,热带中东太平洋和印度洋等地 SST 均明显偏低,最大异常位于秘鲁沿海,低于-1.0℃。但热带西太平洋区域则有很大差异,1985 年总体上偏冷,而 1996 年菲律宾以东偏暖,不过 SST

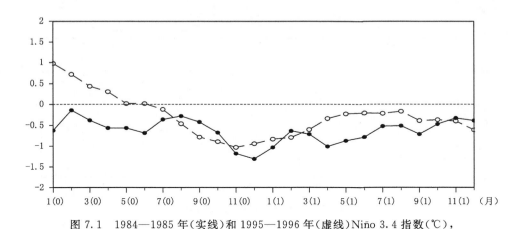

图 7.1　1984—1985 年(实线)和 1995—1996 年(虚线)Niño 3.4 指数(℃),
图中横坐标括号内的 0 和 1 分别为前一年和后一年

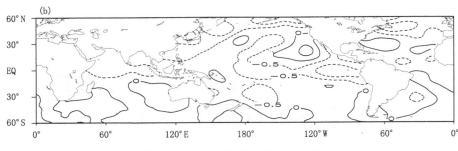

图 7.2　1985 年海表温度异常(℃)

(a)春季,(b)夏季

异常强度均很弱。在一些局部海域的 SST 异常差异则更为明显,例如 1985 年春季海洋大陆及邻近海域偏暖,1996 年春季南海附近偏冷,这些局地 SST 异常差异将影响到东亚夏季风的季节内变化。另外,值得注意的是,热带西太平洋 SST 异常从春季到夏季的持续性不强,表明 La Niña 强迫影响较弱,这与强 La Niña 年有显著不同。

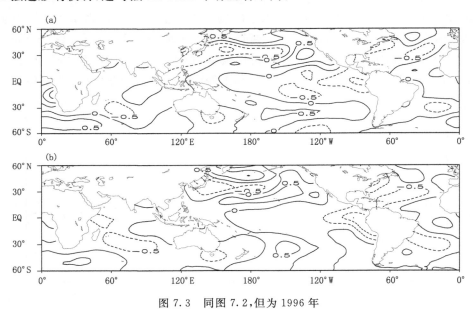

图 7.3　同图 7.2,但为 1996 年

7.2　1985 年和 1996 年东亚夏季风的季节内变化

图 7.4 为 1985 年和 1996 年 6—8 月和夏季平均西太平洋副高。需要说明的是,由于 1986 年 7 月副高分裂,1996 年 8 月副高很弱,图中 7—8 月副高以 5870 gpm 等值线来代替通常所用的 5880 gpm 等值线,以反映副高的整体变化情况。两年副高的季节内变化有很大不同,其中以 6 月和 8 月的差异最为显著。1985 年 6 月副高偏东偏弱,而 1996 年则偏西偏强,这与 La Niña 年合成结果完全相反。与 6 月副高变化不同,两年 8 月副高差异表现在南北位置,1985 年副高偏北,而 1996 年则显著偏南,强度很弱。与 6 月和 8 月不同,两年 7 月副高均偏东偏

弱,这与合成结果一致,说明 La Niña 影响在 7 月最强。由于两年副高在 6 月和 8 月的异常差异,夏季平均副高虽然均偏弱,但形态差异很大,1985 年副高偏东偏弱,与 La Niña 年合成结果一致,而 1996 年略为偏西,副高东部偏弱,与 La Niña 年合成结果有显著差异。因此,La Niña 对 1985 年副高异常的影响更为显著。

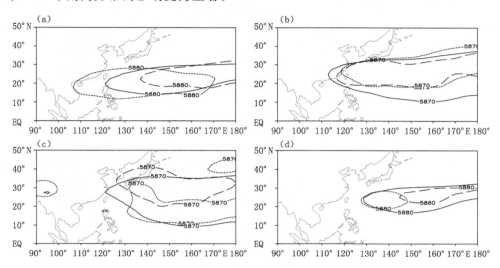

图 7.4　西太平洋副热带高压,其中实线为气候平均,长虚线和短虚线分别为 1985 年和 1996 年(gpm)
(a)6 月,(b)7 月,(c)8 月,(d)夏季平均,为清晰起见,图中仅给出 5870 gpm 或 5880 gpm 等值线

　　图 7.5 和图 7.6 分别为 6 月 OLR 异常和对应的 850 hPa 风场异常。在热带西太平洋地区,两年 6 月 OLR 异常分布几乎相反,这与两年南海附近 SST 异常不同有关(图 7.2a 和 7.3a),1985 年春季 SST 偏高,导致对流偏强,OLR 为负异常,1996 年与此相反。与 OLR 异常对应,1985 年 6 月副热带为气旋异常(图 7.6a),导致副高偏东偏弱。1996 年 6 月热带西太平洋对流偏弱,副热带为反气旋异常,副高偏西偏强。此外,从印度到菲律宾一带的热带风场也有明显差异,1985 年为西风异常,而 1995 年为东风异常。

　　与 6 月不同的是,两年 7 月暖池东部对流均偏强(图 7.7),但与 La Niña 年合成结果相比(第 2 章),对流中心明显偏东(约 150°E),引起的环流异常也相对较弱,所以两年 7 月副高均偏东偏弱。与强 La Niña 年相比(第 6 章),副高异常程度明显偏弱,这显示了 La Niña 强度能够显著影响到 7 月副高的变化。另一方面,两年 7 月副高异常与合成结果一致,也进一步说明 La Niña 对 7 月副高的影响最强,这与合成结果以及强 La Niña 年是一致的。

　　8 月暖池对流异常与 6 月相似(图 7.8),1985 年南海到菲律宾以东对流偏强,1996 年偏弱,结果在西太平洋地区分别出现气旋异常(1985 年,图 7.9a)和反气旋异常(1996 年,图 7.9b)。与 6 月相比,由暖池对流异常引起的高低纬度之间遥相关型更为清楚,反气旋异常或气旋异常分别位于日本及其东南部海域以及堪察加半岛南部海域,但 1985 年异常中心比 1996 年偏西。与 6—7 月相比,由于 8 月副高东退到日本南部,虽然 8 月暖池对流异常和环流异常与 6 月相似,但对副高的影响却有很大不同。1985 年 8 月日本附近为反气旋异常(图 7.9a),造成副高偏北(图 7.4c)。但 1996 年 8 月日本南部为气旋异常,副高显著偏南,甚至比 7 月更为偏南,同时强度也急剧减弱。因此,暖池对流异常对 8 月副高的影响主要表现为南北位置和强度的变化。

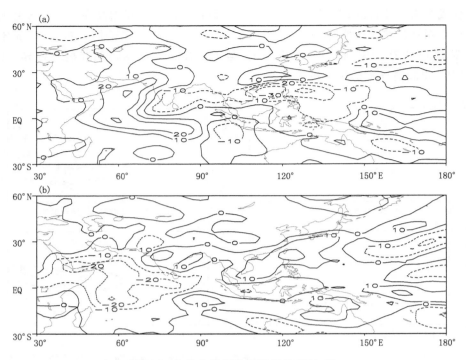

图 7.5 6 月向外长波辐射异常（W/m²）

(a)1985 年,(b)1996 年

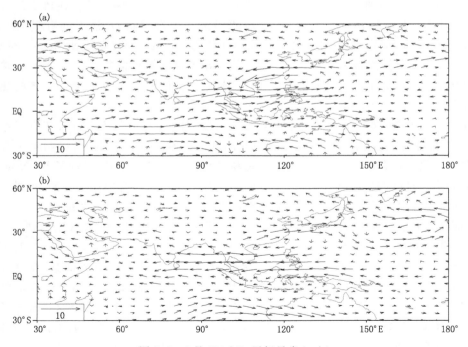

图 7.6 6 月 850 hPa 风场异常（m/s）

(a)1985 年,(b)1996 年

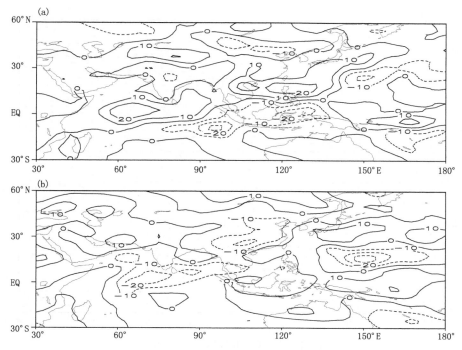

图 7.7 7 月向外长波辐射异常（W/m²）
(a)1985 年,(b)1996 年

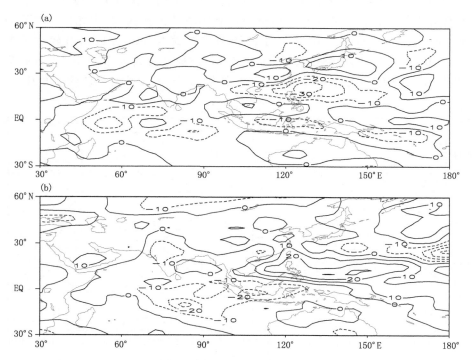

图 7.8 8 月向外长波辐射异常（W/m²）
(a)1985 年,(b)1996 年

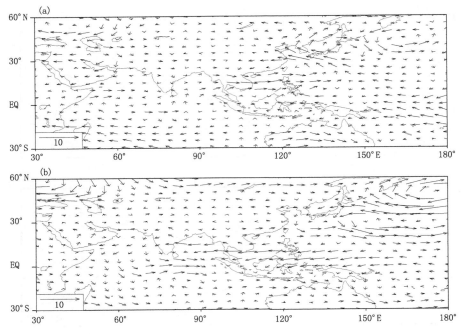

图 7.9　8 月 850 hPa 风场异常(m/s)

(a)1985 年,(b)1996 年

　　暖池地区对流 8 月与 6 月的相关与该地区对流的季节内振荡有关。图 7.10 为沿 15°N 的候平均 OLR 异常剖面,两年 OLR 异常均呈现显著的季节内振荡,其中尤以 140°E 以西更为明显,异常中心约在 130°E,但 140°E 以东的季节内振荡与 140°E 以西有较大差异。由于 140°E 以西 OLR 异常对副高影响较大,下面重点分析该地区对流异常。如图 7.10a 所示,1985 年 6 月对流偏强,7 月对流减弱,8 月对流又转为偏强,3 个 OLR 异常峰值约在 6 月 20 日、7 月

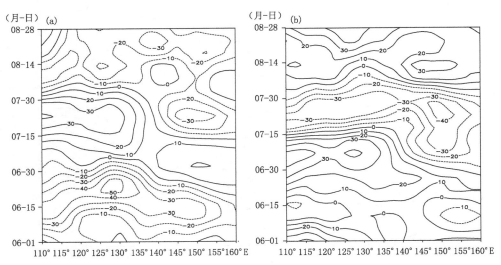

图 7.10　沿 15°N 候(以日期表示)平均向外长波辐射异常经度—时间剖面(W/m²)

(a)1985 年,(b)1996 年

20 日和 8 月 14 日。这与对流和局地 SST 的相互作用有关,对流偏强后,造成局地 SST 降低,反过来又抑制了对流发展。1996 年夏季对流的季节内变化大致与 1985 年相反(图 7.10b),140°E 以西的主要对流偏强时期在 7 月中旬到 8 月上旬,其余时期对流偏弱。按照 Lu(2001a,b)的定义,取(110°～160°E,10°～20°N)区域平均 OLR 异常作为暖池对流异常的指标,1979—2013 年间 6 月与 7 月和 8 月的相关系数分别为 0.24 和 0.52,前者并不显著,而后者则超过了99% 的置信水平。因此,暖池对流 6 月和 8 月之间的显著相关是该地区局地 SST 和对流相互作用造成的,并不依赖于 ENSO 循环的位相,这也表明 6 月对流异常对 8 月有一定的预报意义。在外强迫信号不太强的情况下,例如本章中的 1985 年和 1996 年,这种现象更为明显,并有较大的预报价值。

上述分析表明,1985 年和 1996 年暖池对流和副高的季节内变化存在显著差异,特别是 6月和 8 月几乎完全相反。因此,这两年东亚和西太平洋地区的夏季降水异常分布也完全不同(图 7.11)。1985 年中南半岛到南海和菲律宾以东降水明显偏多,雨带偏南,由于副高偏东偏弱,不利于热带水汽向北输送,导致中国东部大范围降水偏少(图 7.11a)。1996 年夏季降水分布与 1985 年几乎相反,热带地区降水偏少,由于副高偏西偏北,中国东部大范围降水偏多,雨带偏北(图 7.11b)。仅菲律宾和印尼个别地区两年降水异常较为一致,这与强 La Niña 年结果不同,说明中等强度 La Niña 对热带地区降水的影响也较弱。

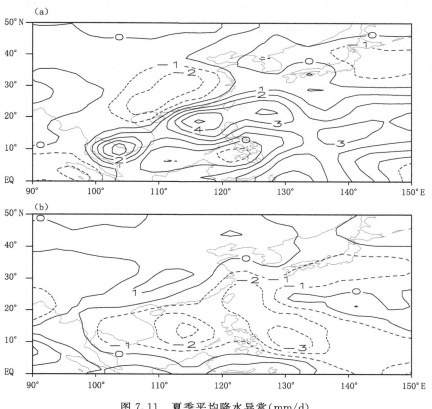

图 7.11　夏季平均降水异常(mm/d)

(a)1985 年,(b)1996 年

7.3 小结

1985 年和 1996 年为两个中等强度的 La Niña 年,但由于春季 SST 异常分布差异较大,导致 6 月暖池对流有很大差异。又因暖池对流的季节内振荡,6 月对流异常与 8 月呈显著相关,进而造成 8 月的对流也有很大差异。6 月暖池对流异常影响到副高的东西变化,1985 年对流偏强,副高偏东偏弱,1996 年与此相反。与 6 月相比,8 月暖池对流异常影响到副高的南北位置和强度变化。两年 7 月副高均偏东偏弱,这与 La Niña 影响有关,也进一步说明 La Niña 信号在 7 月更为显著,这与 La Niña 年合成结果相同。由于这两年暖池对流和副高异常存在很大差异,热带和中国东部降水异常分布也几乎完全相反。

与上一章中分析的强 La Niña 年相比,中等强度 La Niña 的强迫影响明显偏弱,一方面对热带西太平洋地区 SST 异常的影响较弱,造成春季到夏季的 SST 异常有显著差异,同时 La Niña 对夏季暖池对流的强迫影响也较弱,造成两年副高的季节内变化及其夏季平均有很大差异,并进而影响到热带和中国东部夏季降水异常。因此,尽管 La Niña 的影响相对于 El Niño 偏弱,其强度变化对东亚夏季风仍有显著影响。

1985 年和 1996 年中国东部出现大范围降水异常,这种雨型与经典的三类雨型存在很大差异,说明中国夏季降水异常的复杂性及其预测的困难。另外,类似于 1985 年,在之前一个强度较弱的 1984 年,中国东部也出现了大范围降水偏少,即 1984—1985 年中国东部出现了两年连续夏季降水偏少的情况。在另外一次长 La Niña 事件即 1999—2000 年期间(第 6 章),两年夏季均为南方型降水异常,这对中国夏季降水预测可能有一定意义,值得进一步研究。

两年的对比分析表明,在 La Niña 强度不太强的情况下,需要特别关注热带西太平洋地区局部海域如南海等地春季 SST 的异常变化,这对 6 月对流异常和副高变化有重要影响,而由于暖池对流的季节内振荡影响,6 月对流异常还会进一步影响到 8 月对流的变化,而 7 月异常则可能更多受到 La Niña 的直接影响。综合考虑这些因子之间的相互作用,才能更加准确预测东亚夏季风的异常变化。

第 8 章　弱 El Niño 状态下东亚夏季风的季节内变化

8.1　个例选取及其背景

　　如第 2 章中所述,ENSO 循环呈现出两种基本位相,即 El Niño 和 La Niña。除此之外,在有些年份,Niño 3.4 指数绝对值小于 0.5℃,SST 异常不显著,因此,一般将这些年份称之为平常态。为方便起见并区别于通常的 El Niño 年和 La Niña 年,这里将 Niño 3.4 指数小于 0.5℃但大于 0℃时称为弱 El Niño 状态,相反的则称为弱 La Niña 状态。需要注意的是,有些年份夏季 Niño 3.4 指数虽然小于 0.5℃,但为 El Niño 发展年或衰减年,并不符合上述标准。在 1979—2016 年间,符合弱 El Niño 状态标准的年份很少,夏季平均 Niño 3.4 指数小于 0.5℃的仅有 3 年,即 1980、1990 和 1993 年。但 1993 年春季中太平洋发生了一次类似于 El Niño 的暖水事件,也称为 El Niño 夭折事件(刘长征等,2012),虽然夏季 Niño 3.4 指数小于 0.5℃,但其 5 月峰值达到 0.9℃,因此排除了 1993 年,而选取 1980 和 1990 年做对比分析。如图 8.1 所示,两年中从冬到夏季 Niño 3.4 指数均很弱,其中 1980 年从 7 月正值转为 8 月负值,而 1990 年则从 6 月负值转为 7 月正值,但两年夏季期间总体上维持了弱 El Niño 状态。两年从冬到夏大部分海域 SST 异常均低于 0.5℃,以春季为例(图 8.2),热带太平洋呈现东暖西冷的弱 El Niño 状态,其中 1980 年以及北半球部分较为显著。但部分海域 SST 异常有明显差异,1980 年从阿拉伯海到孟加拉湾的北印度洋海域偏暖,而 1990 年东印度洋到印尼附近海域偏暖,这种差异将影响到两年东亚夏季风的季节内变化。

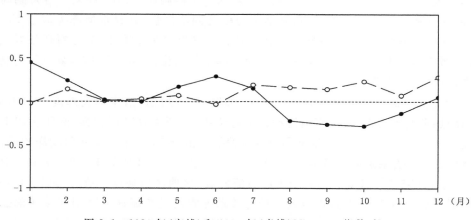

图 8.1　1980 年(实线)和 1990 年(虚线)Niño 3.4 指数(℃)

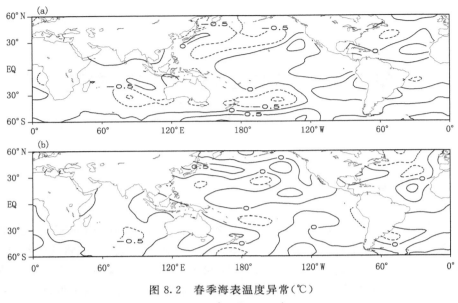

图 8.2　春季海表温度异常(℃)

(a)1980 年,(b)1990 年

8.2　1980 年和 1990 年东亚夏季风的季节内变化

图 8.3 为 1980 年和 1990 年候平均副高指数。副高脊线指数表明(图 8.3a),两年 6 月副高均偏北,之后振荡明显加强,1980 年 7 月 20 日之后,脊线明显偏南,而 1990 年振荡更为明显。两年副高西伸点总体上偏西(图 8.3b),1980 年副高有三次明显的西伸过程,分别在 6 月 20 日、7 月 15 日和 8 月 10 日。1990 年 6 月初副高有一次明显的西伸,但其后迅速东退并在 115°E 附近振荡,但 7 月 20 日之后又发生一次显著的西伸过程并大幅度振荡。对应于副高的西伸过程,1980 年副高各月均偏强,而 1990 年副高偏强主要在 6 月初和 8 月(图 8.3c)。

图 8.4 进一步给出两年 6—8 月和夏季平均西太平洋副高。1980 年夏季各月副高均偏西偏强,但以 6 月和 8 月更为显著,导致夏季平均副高偏西偏强,其异常形态类似于 El Niño 衰减年的合成结果(第 2 章)。1990 年 6 月和 8 月副高略为偏西偏强,但 7 月副高分裂成东西两个单体,西部单体位于东海海面,范围较小,而东部单体则位于 160°E 以东,夏季平均副高略微偏西偏强,与气候平均差异不大。

1980 年 6 月副高异常与南半球环流有关,如图 8.5a 所示,南半球高纬度气压为负异常,中纬度和副热带气压为正异常,南极涛动处于正位相,马斯克林高压偏强,南印度洋上出现显著反气旋异常(图 8.5b),由此导致索马里急流偏强。由于 1980 年春季北印度洋地区偏暖(图 8.2a),结果造成印度附近对流显著偏强(图 8.5c),对流中心 OLR 低于 -20 W/m^2,对流发展能激发 Kelvin 波东传并抑制了南海附近的对流发展,该地区出现反气旋异常(图 8.5b),进而造成 6 月副高显著西伸,这与以前发现的统计关系即索马里急流偏强时副高偏西偏强的结论是一致的(Xue et al.,2004)。7 月的情况与 6 月类似,但印度附近对流异常较 6 月偏弱,对暖池对流的抑制作用也偏弱,造成 7 月副高西伸不如 6 月显著(图 8.4b)。

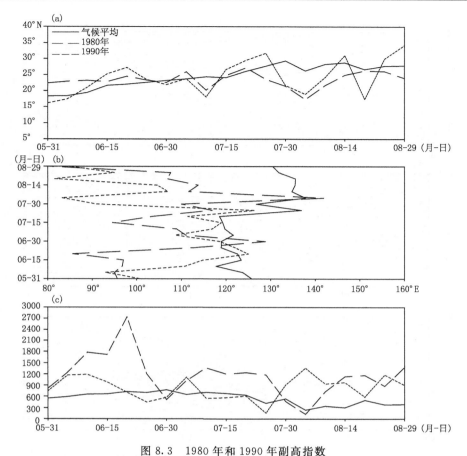

图 8.3　1980 年和 1990 年副高指数

（a）脊线指数（°N）；（b）西伸指数（°E）；（c）面积指数（无量纲），

实线为气候平均；长虚线和短虚线分别为 1980 年和 1990 年

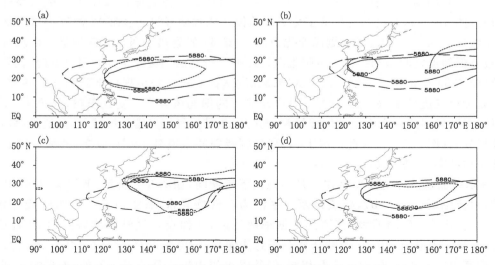

图 8.4　西太平洋副热带高压，其中实线为气候平均，长虚线和短虚线分别为 1980 年和 1990 年（gpm）

（a）6 月，（b）7 月，（c）8 月，（d）夏季平均

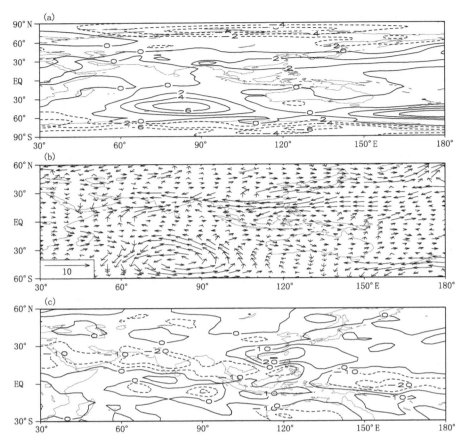

图 8.5　1980 年 6 月海平面气压异常(a,hPa),850 hPa 风场异常(b,m/s)和
向外长波辐射异常(W/m²)

　　与 6—7 月副高一致偏强有所不同,1980 年 7 月底到 8 月初副高发生了一次明显的减弱东退过程(图 8.3),这与高纬度环流变化引起的偏北风扰动有关。以第 42 候(7 月 25—29 日)到第 44 候(8 月 4—8 日)之间的副高变化为例,在第 42 候副热带西太平洋为显著的反气旋异常,通过高低纬度之间遥相关在日本附近激发出一个较弱的气旋异常,副高仍然维持偏西偏强的态势(图 8.6a 和 8.7a)。此外,欧亚大陆高纬度从西到东交替出现反气旋和气旋异常,贝加尔湖以东为反气旋异常,东北亚沿海一带出现显著的偏北风异常。受此影响,到第 44 候日本及其以东洋面发展成一个大范围气旋异常,同时副热带反气旋异常开始减弱,东亚沿海出现显著偏北风异常(图 8.7b)。在此情况下,副高急剧减弱并东退到 140°E 以东,其强度减弱到不足气候平均的一半(图 8.6b)。

　　8 月副高加强西伸主要发生在 8 月中旬到下旬期间,如图 8.8 所示,菲律宾以东 OLR 为正异常,对流偏弱(图 8.8b),副热带西太平洋为反气旋异常,日本以东洋面为气旋异常(图 8.8b),对应于副高偏西偏强,其西部占据华南地区,西伸点较气候平均偏西约 20 经度(图 8.8c)。这与两个原因有关,一是由于索马里急流偏强,印度附近对流发展造成 Kelvin 波东传造成菲律宾以东对流偏弱,这与 6 月相同,但其强迫作用较 6 月偏强。另外,来自澳大利亚东部的越赤道气流明显偏强,造成印尼东部赤道地区对流强烈发展和局地 Hadley 环流增强,而

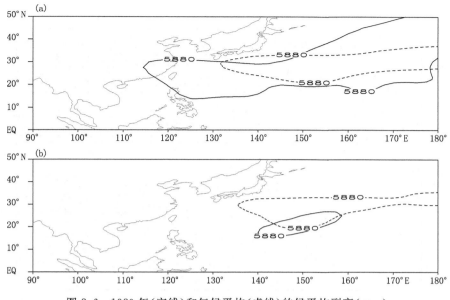

图 8.6　1980 年(实线)和气候平均(虚线)的候平均副高(gpm)

(a)第 42 候,(b)第 44 候

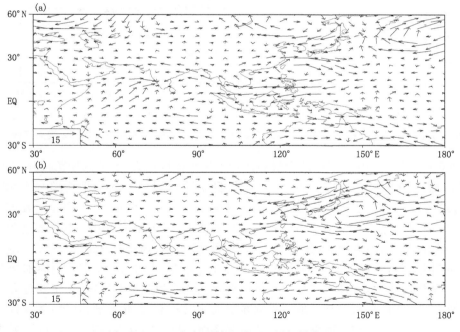

图 8.7　1980 年候平均 850 hPa 风场异常(m/s)

(a)第 42 候,(b)第 44 候

增强的 Hadley 环流能加强副热带低层气流辐散,从而进一步增强了副热带反气旋异常。虽然 6 月澳大利亚东部越赤道气流和印尼东部对流也偏强(图 8.5),但 OLR 最大异常和环流异常位于其西北方向,局地 Hadley 环流的影响较弱。

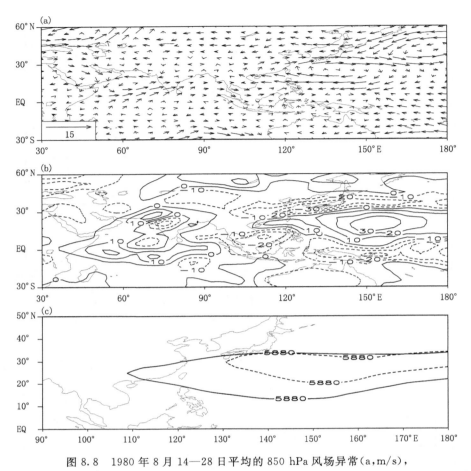

图 8.8　1980 年 8 月 14—28 日平均的 850 hPa 风场异常（a,m/s），
向外长波辐射异常（b,W/m²）和西太平洋副高（c,gpm），图 c 中实线为 1980 年,虚线为气候平均

与 1980 年相比,1990 年副高的脊线和西伸点振荡幅度更大,季节内振荡偏强,6 月和 8 月副高略微偏强,7 月则分裂成东西两个单体,但夏季平均副高与气候平均差异不大,这表明 1990 年的副高异常主要受较短时间尺度的因子影响（图 8.3 和 8.4）。下面以第 40 候（7 月 15—19 日）到第 42 候（7 月 25—29 日）之间的副高变化来说明 7 月副高的分裂过程,在第 40 候副高接近气候平均,略微偏北（图 8.9a）。对应的 850 hPa 风场异常显示（图 8.10a）,南海北部和中国东部地区为反气旋异常,菲律宾以东为气旋异常,西伯利亚东部到堪察加半岛以东洋面出现另一个气旋异常,这种环流异常型与经典的东亚遥相关型差异很大,主要是大气内部扰动影响的结果。同时,东西伯利亚地区出现显著偏北风异常,受此影响,到第 42 候日本东南部洋面出现一个显著气旋异常,而堪察加半岛南部洋面为反气旋异常（图 8.10b）,结果造成副高分裂成两个范围较小的高压单体（图 8.9b）。与 1980 年副高的东退过程相比（图 8.6 和 8.7）,副高这次分裂过程受热带环流异常影响较弱,而高纬度北风异常影响较强。

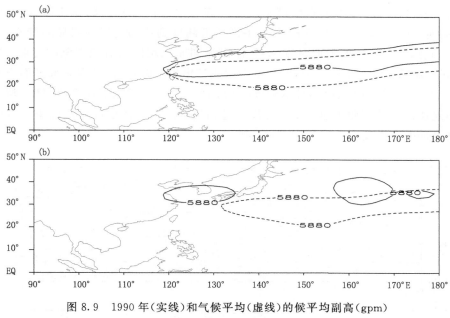

图 8.9　1990 年(实线)和气候平均(虚线)的候平均副高(gpm)

(a)第 40 候,(b)第 42 候

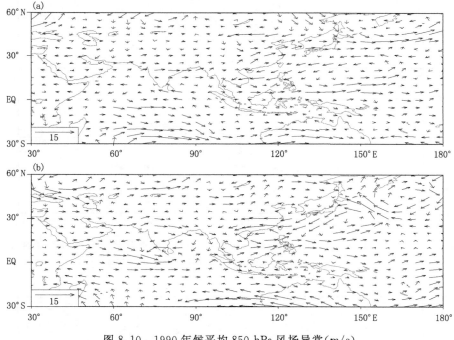

图 8.10　1990 年候平均 850 hPa 风场异常(m/s)

(a)第 40 候,(b)第 42 候

　　1990 年副高季节内振荡的特征还表现为副高的东西进退,显著的西伸过程有 3 次,分别发生在 6 月初以及 8 月上旬和 8 月下旬。以第 45 候(8 月 9—13 日)和第 46 候(8 月 14—18日)之间的副高变化为例,如图 8.11 和 8.12 所示,由于印度附近对流发展的影响,南海和华南地区对流减弱(图 8.11b),中国东南部出现反气旋异常(图 8.11a),副高西伸至华南地区(图 8.11c)。同时,菲律宾以东对流偏强,西太平洋从低纬度到高纬度出现明显的气旋、反气旋和气旋异常。到第 46 候,印度附近对流减弱,而南海到菲律宾以东对流则急剧发展,OLR 最大负异常超过 -80 W/m^2(图 8.12b),西太平洋副热带出现气旋异常,日本东部洋面出现反气旋异常(图 8.12a),副高主体东退到日本附近(图 8.12c),1 候之间东退达 20 经度。与 7 月副高分裂相比,这次副高的东西进退主要是印度附近和热带西太平洋地区对流的季节内变化所导致,说明副高的季节内变化受多种因子的影响。

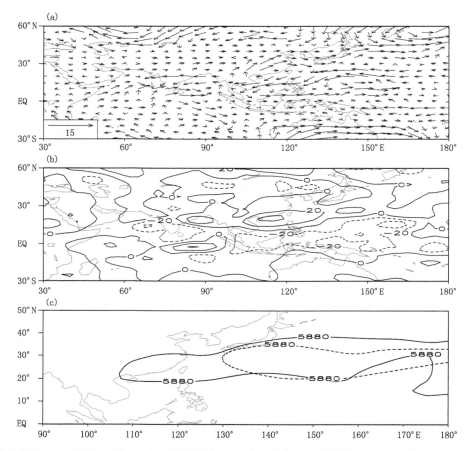

图 8.11　1990 年第 45 候 850 hPa 风场异常(a,m/s),向外长波辐射异常(b,W/m^2)和西太平洋副高(c,gpm),图 c 中实线为 1990 年,虚线为气候平均

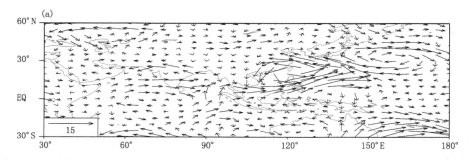

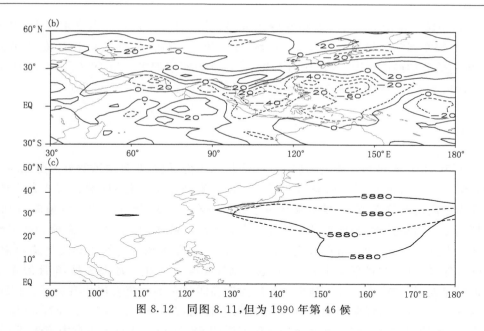

图 8.12　同图 8.11,但为 1990 年第 46 候

　　1980 年副高异常形态类似于强 El Niño 衰减年(苏同华等,2017),其降水异常分布也类似,近赤道地区降水偏多,华南到菲律宾以东西太平洋地区降水显著偏少,长江流域到日本降水偏多,中国东部降水异常为中间型(图 8.13a)。1990 年降水异常分布总体上与 1980 年相反

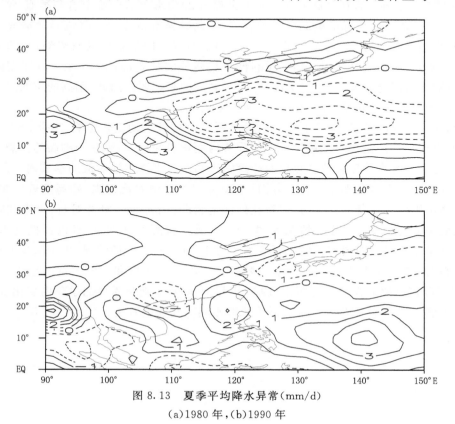

图 8.13　夏季平均降水异常(mm/d)

(a)1980 年,(b)1990 年

（图 8.13b），中国东南沿海到菲律宾以东降水偏多，长江流域特别是日本降水偏少，中国北方降水偏多，中国东部降水异常为北方型。虽然 1990 年夏季副高接近气候平均，但季节内振荡显著，在副高偏北偏西的情况下（例如图 8.9），中国北方降水偏多。与 1980 年相比，1990 年局地降水异常更为显著，例如华南降水偏少，这也显示大气内部扰动的影响更强。

8.3 小结

1980 年和 1990 年是两个典型的弱 El Niño 状态年份，但东亚夏季风季节内变化却表现出明显的异常。1980 年东亚夏季风异常与强 El Niño 衰减年十分相似（例如第 3 章中的 1998 年），表现为副高偏西偏强，东亚夏季降水呈三极型分布。1980 年春季印度洋偏暖，同时夏季南半球环流出现明显异常，马斯克林高压和澳大利亚高压偏强，造成索马里急流和印尼越赤道气流偏强。在此情况下，印度附近对流偏强，导致西太平洋暖池对流偏弱和反气旋异常，因而副高加强西伸，其机理和过程与 1998 年相似。副高偏强主要在 6 月和 8 月，6 月偏强主要受印度附近对流发展影响，而 8 月偏强则与印度附近和印尼东部对流发展均有关系。1980 年夏季各月副高均一致偏强，说明印度洋 SST 异常强迫起到重要作用。因此，在 ENSO 信号较弱的情况下，需要特别注意一些关键海域如北印度洋的 SST 异常，这与上一章中等强度 La Niña 年的结论类似。1980 年的结果还表明，在热带 SST 异常和南半球环流异常影响相合的情况下，东亚夏季风异常强度能达到强 El Niño 的影响程度。

1980 年 7 月底到 8 月初副高的减弱东退过程与 2016 年 8 月的情况有些类似（第 3 章），二者都与高纬度环流变化引起的偏北风扰动有关，偏北风异常造成的冷平流异常造成副高减弱东退，同时也引起暖池对流的发展。但 1980 年印度附近和印尼东部的对流偏强，抑制了暖池对流的进一步发展，在副高东退之后又重新恢复到西伸的状态，而 2016 年 8 月印度附近对流偏弱，暖池对流得以充分发展，造成 2016 年 8 月副高偏东偏弱。因此，副高的东西进退在一定程度上取决于印度附近和暖池对流二者的强弱变化。

与 1980 年不同的是，1990 年副高变化主要受大气内部扰动变化影响，热带 SST 异常影响较弱，因而夏季平均副高接近气候平均。但季节内变化更为显著，表现为副高的分裂和显著的东西进退，这主要与高纬度环流变化以及印度附近和西太平洋暖池对流的季节内振荡有关，其相互之间的影响过程复杂多变。另一方面，1990 年夏季暖池对流偏强，副高接近气候平均，而东亚夏季降水则出现显著的异常，这表明在外强迫较弱的情况下，暖池对流、副高和降水之间并不存在明确的对应关系。在此情况下，即使能准确预报夏季副高，也难以预报夏季降水，因为降水尤其是北方降水主要与天气过程有关。对于 1990 年这样的情况，由于缺少明确的前期 SST 异常信号，季度预测的可信性很低，要特别关注季节内尺度和天气尺度的预报。此外，与前几章 ENSO 信号比较强的年份相比，1980 年和 1990 年东亚夏季风的季节内变化缺少共性，这从另一个侧面证实了 ENSO 对东亚夏季风的影响与其强度有关。

第 9 章　弱 La Niña 状态下东亚夏季风的季节内变化

9.1　个例选取及其背景

　　与上一章中弱 El Niño 状态相反,弱 La Niña 状态是指 Niño 3.4 指数大于 -0.5℃但小于 0℃的平常年份。与弱 El Niño 状态相似的是,符合该标准的年份也很少,其中 1981 年和 2013 年基本符合,1984 年也勉强符合,但 1983—1984 年冬半年 La Niña 强度较强,考虑到 La Niña 的持续影响,这里排除 1984 年而选取前两年做对比分析。如图 9.1 所示,两年中从冬到夏季 Niño 3.4 指数均很弱,1981 年 La Niña 略强于 2013 年,有 4 个月 Niño 3.4 指数略低于 -0.5℃,2013 年仅有 1 个月,两年从冬到夏大体维持了弱 La Niña 状态,大部分热带海域 SST 异常均较弱,以春季为例(图 9.2),1981 年热带太平洋和热带印度洋均偏冷,而 2013 年热带东太平洋偏冷,热带西太平洋尤其是南海附近海域偏暖。此外,大西洋为弱的三极型 SST 异常分布,2013 年热带大西洋 SST 异常略强。需要注意的是,2013 年北太平洋部分海域 SST 异常超过 1.0℃,但中高纬度海域 SST 异常一般认为是大气强迫的结果,对大气环流异常影响很弱(Frankignoul,1985;Lau et al.,1990)。总体上看,两年中热带 SST 异常均较弱,属于典型的弱 La Niña 状态。

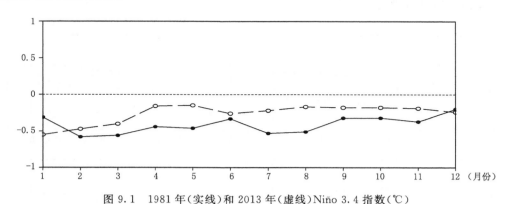

图 9.1　1981 年(实线)和 2013 年(虚线)Niño 3.4 指数(℃)

9.2　1981 年和 2013 年东亚夏季风的季节内变化

　　图 9.3 为 1981 年和 2013 年 6—8 月和夏季平均西太平洋副高。6—7 月和 8 月副高的变化形成鲜明的对比,6—7 月副高与气候平均差异很小,但 8 月副高则有显著差异。1981 年 8

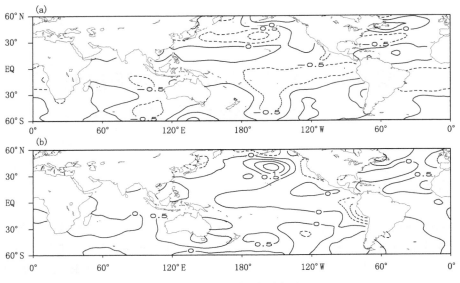

图 9.2　春季海表温度异常(℃)

(a)1981 年,(b)2013 年

月,副高偏东偏南,强度减弱到不足气候平均的一半,西伸点位于 155°E,偏东约 25 度,脊线位于 17.5°N,偏南约 10 度,甚至比 6 月更为偏南;与此相反,2013 年副高明显偏西,西伸点位于 115°E,偏西约 15 度,脊线略偏南,强度明显偏强,其异常特征类似于强 El Niño 衰减年(第 2 章)。由于两年 8 月副高的巨大差异,导致 1981 年夏季平均副高偏东偏弱,而 2013 年夏季偏西偏强。由于 La Niña 对 7 月副高影响最强,这两年副高异常主要在 8 月,而且 La Niña 信号很弱,据此可以推断两年 8 月副高异常是由其他影响因子所致。鉴于两年 6—7 月副高异常较弱,以下重点分析 8 月副高的异常变化。

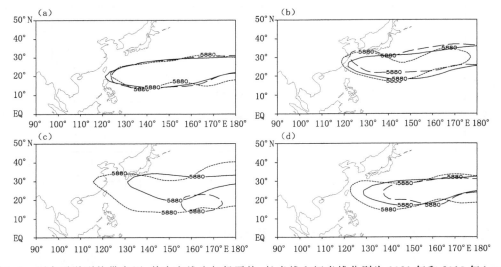

图 9.3　西太平洋副热带高压,其中实线为气候平均,长虚线和短虚线分别为 1981 年和 2013 年(gpm)

(a)6 月,(b)7 月,(c)8 月,(d)夏季平均

　　两年 8 月副高异常变化与欧亚大陆高纬度环流有关。如图 9.4 所示,1981 年 8 月,欧亚大陆环流呈两槽两脊型分布,乌拉尔为强大高压脊,西伯利亚为深槽,这种环流形势有利于冷空气南下影响副高。与 1981 年相反,2013 年 8 月环流较为平直,多小槽小脊。图 9.5 为对应的 500 hPa 高度场异常,高压脊区为正异常,低压槽区为负异常。此外,虽然这两年东北亚地区均为负异常,但 2013 年的异常较弱,其强度仅为 1981 年的一半,而 1981 年的负异常区一直延伸到热带地区,说明高纬度环流变化对 1981 年 8 月副高偏弱起到重要作用。

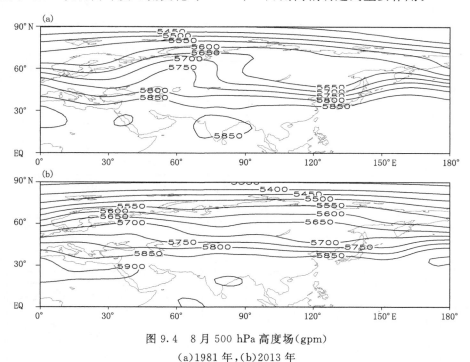

图 9.4　8 月 500 hPa 高度场(gpm)

(a)1981 年,(b)2013 年

　　为进一步说明高纬度环流变化对副高的影响,图 9.6 和 9.7 给出沿 40°N(副高北部)850 hPa 经向风和沿 30°N(副高所在区域)500 hPa 高度场的候平均异常经度剖面。图 9.6a 显示 1981 年 7 月底副高西北部(约 120°E)出现北风异常,在 8 月上旬达到最大值并持续到 8 月底。对应于北风异常,130°E 以东出现显著的高度负异常,最小值低于 −40 gpm(图 9.6b)。此外,最大北风异常超前最大高度异常约 1 候时间,说明高纬度环流变化超前于副高变化,对减弱副高起到主动作用。与 1981 年不同,2013 年同期为南风异常和高度正异常(图 9.7),最大南风异常和高度异常同时出现在 8 月初,并无明显的超前。因此,高纬度环流变化导致的北风异常通过冷平流异常降低了副高区域的高度场,使副高减弱东退,而南风异常则在一定程度上起到维持副高区域高度正异常的作用,使副高加强西伸。

　　下面以 1981 年 8 月初一次副高东退为例来说明高纬度环流的影响过程。如图 9.8 和 9.9 所示,1981 年第 43 候(7 月 30 日—8 月 3 日),副热带西太平洋为气旋异常,中纬度为较弱的反气旋异常(图 9.9a),东亚中纬度地区位势高度偏高(图 9.9b),因此,副高较常年明显偏北偏西,强度偏强,脊线位于 35°N,西伸点到 95°E。同时,欧亚大陆高纬度为大尺度反气旋异常,对应于高度场偏高,西伯利亚东部出现显著偏北风异常。到第 44 候(8 月 4—8 日),由于副高

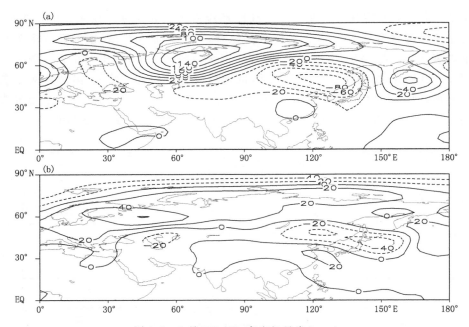

图 9.5　8 月 500 hPa 高度场异常(gpm)

(a)1981,(b)2013 年

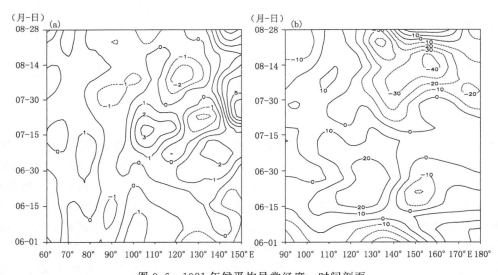

图 9.6　1981 年候平均异常经度—时间剖面

(a)沿 40°N 850 hPa 经向风异常(m/s),(b)沿 30°N 500 hPa 高度异常(gpm)

北部偏北风异常引起的冷平流异常影响,东北亚地区位势高度急剧降低,负变高中心位于日本海附近,超过 200 gpm(图 9.9c),由此造成副高在第 44 候快速东退到 140°E 以东,强度急剧减弱(图 9.8b)。

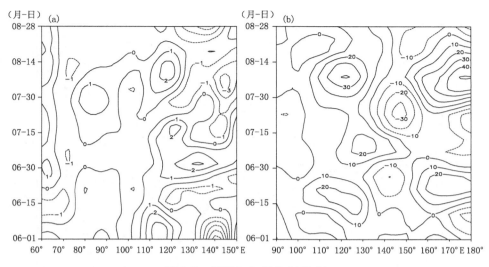

图 9.7　同图 9.6,但为 2013 年

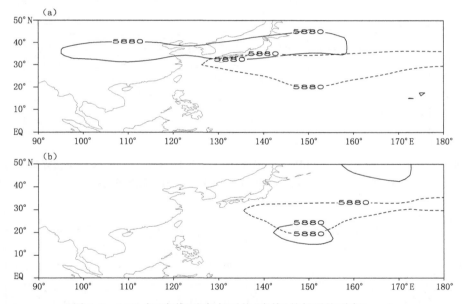

图 9.8　1981 年(实线)和气候平均(虚线)的候平均副高(gpm)

(a)第 43 候,(b)第 44 候

　　需要指出的是,在气候平均状况下,8 月副高位于较高纬度,因此容易受到高纬度环流变化的影响。上述 1981 年的情况并非特例,在其他年份也普遍存在,如 2016 年(第 2 章)和 1989 年(第 6 章)。与 1981 年相反,2013 年 8 月欧亚高纬度环流较为平直,冷空气活动较弱,不能引起类似于上述过程的副高东退。

　　除高纬度环流之外,两年 8 月副高异常还与热带环流有关。图 9.10 为 1981 年候平均850 hPa 越赤道气流和沿 15°N 向外长波辐射异常的经度—时间剖面,145°E 越赤道气流明显偏强,在 7 月下旬到 8 月上旬之间超过 2 m/s。由于越赤道气流的扰动作用促使 140°E 以东对流开始逐渐增强,到 8 月上旬达到最强,OLR 最小值低于 -40 W/m^2,维持时间超过 1 个月。

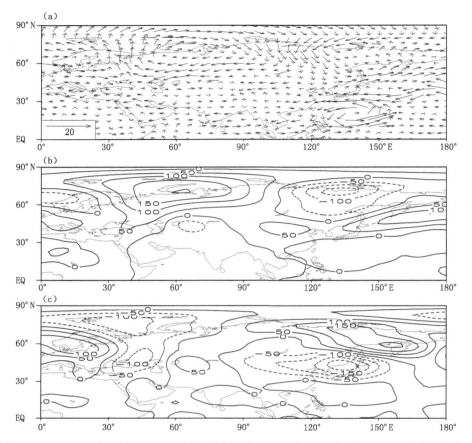

图 9.9　(a)1981 年 43 候 850 hPa 风场异常(m/s),(b)同图(a),但为 500 hPa 位势高度场
异常(gpm),(c)1981 年第 44 候与第 43 候 500 hPa 高度场之差(gpm)

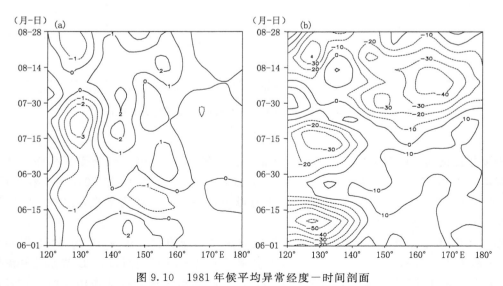

图 9.10　1981 年候平均异常经度—时间剖面
(a)沿赤道 850 hPa 经向风异常(m/s),(b)沿 15°N 向外长波辐射异常(W/m²)

与 1981 年完全相反,2013 年夏季越赤道气流明显偏弱(图 9.11),除 7 月上旬外,越赤道气流为负异常。与此对应的是,OLR 为显著正异常,即暖池对流偏弱,OLR 异常在 7 月底达到最大值,8 月上旬略有减弱,随后又开始增强,并一直持续到 8 月底,异常维持时间长达 1 个半月。

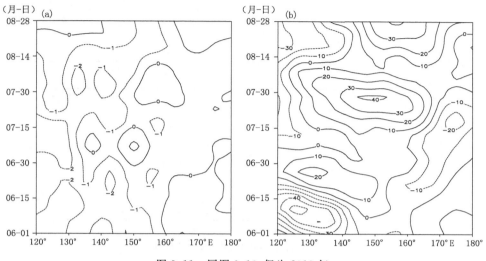

图 9.11　同图 9.10,但为 2013 年

　　另外,我们还注意到暖池对流异常还与夏季的季节进程有关,与初夏期间相比,盛夏期对流异常更为显著,维持时间也更长,1981 年显著对流异常开始于 7 月下旬,2013 年在 7 月中旬。这是因为在 7—8 月的季节进程中,暖池对流本身在增强,使得盛夏期间暖池对流对外界扰动例如越赤道气流变化更为敏感(第 1 章和第 2 章)。

　　1981 年 8 月暖池对流偏强,副热带西太平洋地区出现气旋异常(图 9.12a),位势高度场降低(图 9.5a),促使副高减弱东退。与 1981 年相反,2013 年暖池对流偏弱,激发出反气旋异常,中国大陆副热带地区位势高度场升高(图 9.5b),造成副高加强西伸,而且由于缺少类似于 1981 年那样来自高纬度的偏北风影响,副高在 8 月维持偏西偏强的态势。此外,由于 1981 年 8 月还受到高纬度环流的影响,异常气旋(图 9.12a)要比异常反气旋(图 9.12b)要偏北偏东,并非是完全反对称的,这与 1981 年和 2013 年盛夏期 OLR 最大异常的位置是一致的(图 9.10b 和 9.11b)。

　　因此,两年 8 月副高的异常变化主要与高纬度环流和热带环流的叠加影响有关。需要说明的是,在弱 La Niña 状态下,两年春季暖池 SST 均偏高(图 9.2),而且 2013 年比 1981 年更为偏暖,因此 SST 异常并非是造成 8 月暖池对流差异和副高变化的主要原因。

　　两年东亚地区降水异常分布在一定程度上与副高异常变化有关(图 9.13),1981 年,除东南沿海外,中国大陆东部大范围降水偏少,长江流域到日本南部偏少更为明显,这与副高偏南偏东有关,这种情况下不利于水汽输送到中国东部地区。2013 年,由于 8 月副高加强西伸,长江流域降水明显偏少,但中国北方降水偏多。在热带地区,菲律宾以东降水有明显差异,1981 年偏多而 2013 年偏少,这与两年暖池对流异常差异有关。但由于两年春季南海 SST 偏高(图 9.2),初夏对流偏强(图 9.10 和 9.11),菲律宾以西的中国南海地区两年降水均偏多,说明弱 La Niña 对热带局部地区降水异常有一定影响。

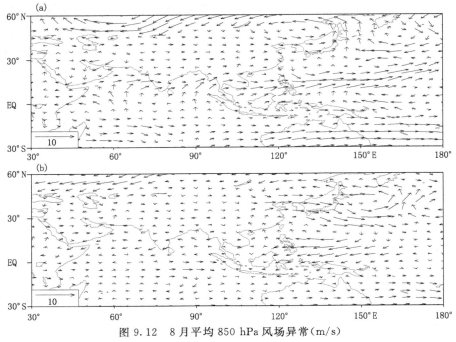

图 9.12　8 月平均 850 hPa 风场异常(m/s)

(a)1981 年,(b)2013 年

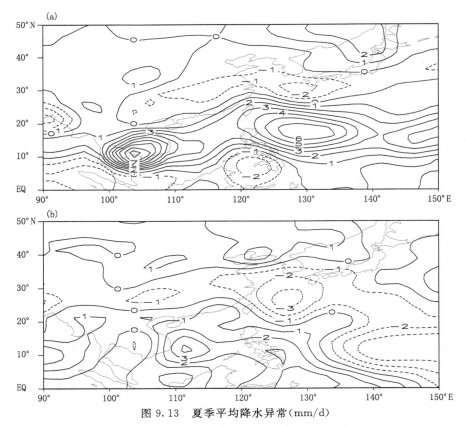

图 9.13　夏季平均降水异常(mm/d)

(a)1981 年,(b)2013 年

9.3　小结

　　1981 年和 2013 年均为弱 La Niña 状态,热带 SST 异常呈现中东太平洋偏冷而西太平洋偏暖的形态,但 SST 异常很弱。两年中 6—7 月副高接近气候平均,但 8 月副高却表现出相反的异常变化,1981 年偏东偏弱,而 2013 年偏西偏强。对比分析表明,这两年 8 月欧亚大陆高纬度环流有显著差异,1981 年呈经向型环流,乌拉尔为强大高压脊,西伯利亚为低压槽,槽前冷空气南下带来冷平流异常,促使东北亚地区位势高度场降低,副高减弱东退。而 2013 年 8 月欧亚大陆高纬度为纬向环流,槽脊较弱,对副高影响也较弱。

　　除高纬度环流外,这两年热带环流特别是暖池对流也有很大差异。1981 年盛夏期间,越赤道气流偏强,造成暖池对流偏强,进而在副热带西太平洋地区诱发出气旋异常,促使副高进一步减弱。在上述过程中,越赤道气流和高纬度环流起到激发暖池对流的作用,而暖池对流的进一步发展则维持了副高持续异常。与 1981 年相反,2013 年越赤道气流偏弱,暖池对流也偏弱,副热带西太平洋地区为反气旋异常,位势高度场升高,造成副高强劲西伸。同时由于高纬度冷空气活动较弱,副高维持偏强的态势。

　　因此,即使在热带 SST 异常较弱的情况下,由于高纬度环流和热带环流的共同作用,盛夏期间副高仍可能出现长达 1 个月的持续异常,如这里分析的 1981 年和 2013 年。在预测副高的异常变化时,要特别注意高纬度环流和热带环流影响相合的情况,如 2013 年盛夏,高纬度环流为纬向型,同时越赤道气流和暖池对流偏弱,在此情况下,副高加强西伸并长时间维持,造成中国南方高温酷暑天气(Peng,2014)。可以设想,如果 2013 年 8 月高纬度环流为类似于 1981 年 8 月的经向型,即使暖池对流偏弱造成副高加强西伸,也难以长时间维持,因为冷空气南下将使副高减弱东退。

　　类似于上述高纬度环流和热带环流的叠加影响,Ogasawara 和 Kawamura(2007)发现西亚—日本型和太平洋—日本型两种遥相关型能影响到日本夏季的气候异常,在两种遥相关型位相相合的情况下,日本北部出现反气旋异常,日本夏季会发生严重高温天气,而且二者结合产生的高温比单个遥相关型要更为显著。

　　两年的对比分析还表明,盛夏期副高变化与初夏有很大不同,即使 6—7 月副高正常,盛夏期仍可能出现持续性异常。这是因为在 7—8 月的季节进程中,暖池对流增强,更易于受到外界扰动如越赤道气流变化的影响,而暖池对流的异常将造成西太平洋地区环流的异常并影响到副高变化。同时,副高在 8 月位于较高纬度,也自然易于受到高纬度环流变化的影响。因此,预测盛夏期间副高变化要考虑高纬度环流和热带环流的综合影响,特别是在热带 SST 异常较弱的情况下。

　　另外需要注意的是,在热带 SST 异常较弱的情况下,副高难以出现整个夏季的持续异常,如强 El Niño 衰减年副高在整个夏季均呈现一致偏西的异常情况(第 3 章)。在此情况下,由于缺乏热带 SST 异常的强信号,东亚夏季风的季度预测水平会受到很大限制,应主要考虑季节内尺度特别是月尺度的预测,从而进一步提高预测水平。

第 10 章　总结和展望

10.1　总结

　　东亚夏季风存在显著的季节内变化,主要特征表现为西太平洋副高和雨带的两次北跳,第一次北跳在 6 月中旬,我国长江流域到日本的梅雨开始,第二次北跳在 7 月中下旬,梅雨结束,东亚夏季风到达其最北位置,东亚地区由初夏进入以高温高湿为主要特征的盛夏期。此外,副高的北跳过程同时伴随着显著的东西进退,特别是副高第二次北跳之后,强度急剧减弱,主体位置东退到日本南部。分析东亚地区风场相似度和变差度可以发现,副高第二次北跳前后的两个时期呈现出两种不同的环流形态,因而初夏到盛夏的环流转变是东亚夏季风季节内变化的主要模态,也可以简单将东亚夏季风盛行时期划分为梅雨期和盛夏期。在盛夏期间,暖池对流系统显著增强,东亚夏季风环流更易受到外部因子如 ENSO 的影响。

　　研究表明,东亚夏季风的季节内变化并非局地现象,而是与整个亚洲夏季风系统包括南半球的环流变化联系在一起的,特别是马斯克林高压和澳大利亚高压的增强能够分别影响到南海西部的西风和澳大利亚东北部的越赤道气流强度,促使南海地区对流和暖池对流的发展,其中副高的第一次北跳主要受南海地区对流活动增强的影响,而第二次北跳则是暖池对流活动与高纬地区环流共同作用的结果。由于南半球环流变化超前于热带对流的变化,对东亚夏季风的季节内变化有预报意义。

　　ENSO 循环对东亚夏季风的季节内变化具有重要影响,其影响与热带 SST 偏高地区的热带对流发展所引起的环流异常有关,但不同位相的影响过程和机理存在明显差异。在 El Niño 发展年,热带中东太平洋 SST 偏高,通过 Gill 型强迫在西太平洋形成气旋异常,造成副高减弱东退;在 El Niño 衰减年,热带印度洋 SST 偏高,对流偏强,通过 Kelvin 波东传抑制了西太平洋暖池对流发展,西太平洋出现反气旋异常,造成副高加强西伸。此外,热带北大西洋 SST 异常在某些年份对副高异常也起到重要作用;在 La Niña 年,西太平洋暖池 SST 偏高,造成局地对流偏强,副高偏东偏弱。ENSO 影响还与东亚地区的季节进程有关,El Niño 发展年和衰减年的影响与夏季季节进程同步,最大异常在 8 月,而 La Niña 年的最大异常在 7 月,东亚地区季节进程加速,盛夏期提前来临。因此,东亚夏季风环流系统在盛夏期对 ENSO 信号的响应更为显著。比较夏季平均副高的异常可以发现,在上述三个不同位相中,El Niño 衰减年东亚夏季风的异常最为显著,La Niña 年次之,El Niño 发展年最弱。此外,ENSO 的影响还与其自身强度以及一些关键海域的 SST 异常有关,这些海域包括热带印度洋、热带北大西洋以及南海和暖池地区等(第 3 章到第 9 章)。

　　西太平洋副高的东西振荡是东亚夏季风季节内变化的重要特征,这与暖池地区对流的季节内振荡和其他外部因子影响有关。由于暖池对流和局地 SST 之间的相互作用,对流本身存在显著的季节内振荡。在前期 SST 偏高的情况下,对流偏强,西太平洋地区出现气旋异常,副高减弱东退;对流的进一步发展反过来降低 SST,进而造成对流减弱,西太平洋地区出现反气旋异常,副高加强西伸,从而造成副高的东西振荡。这是一种负反馈过程,多出现在 ENSO 信号不太强的年份,如 1985 年和 1996 年(第 7 章)。此外,印度洋地区的对流发展能通过 Kelvin 波东传造成暖池对流减弱,形成反气旋异常,副高加强西伸,这种情况多发生在印度洋偏暖的年份,如 1998 年和 1980 年(第 3 章和第 8 章)。除热带环流外,欧亚大陆高纬度环流变化能引起东亚地区北风异常,北风异常通过冷平流异常造成副高减弱东退,如 2016 年 8 月(第 3 章),1995 年 6 月(第 4 章),1997 年 6 月(第 5 章)和 1980 年 7 月(第 8 章)等。另外,当澳大利亚高压偏强时,印尼附近越赤道气流偏强,也能引起暖池对流增强,造成副高减弱东退,如 1997 年 6 月(第 5 章)和 1981 年 8 月(第 9 章)等。在副高东西振荡的过程中,还经常伴随着副高的分裂和重组,这种情况多发生在盛夏期,如 2016 年 8 月(第 3 章),1989 年 8 月(第 6 章)和 1990 年 7 月(第 8 章)等。在实际大气中,多种因子交织在一起,使东亚夏季风的季节内变化呈现复杂多变的格局。

除副高位置的季节内变化外,东亚夏季风环流异常还表现为副高的持续异常,一种是贯穿整个夏季(6—8 月)的一致异常,另外一种则表现为某个月份的持续异常。前一种异常与热带 SST 异常强迫有关,多发生在两种因子影响相合的情况下,如 1998 年副高持续偏强与热带印度洋和热带北大西洋 SST 偏高有关(第 3 章),1980 年副高持续偏强则与印度洋 SST 偏高和南半球环流的合力影响有关(第 8 章)。值得重视的是,在 ENSO 信号较弱的情况下,副高也能出现长达一个月的持续异常,这种异常也与两种因子的合力影响有关,如 1981 年 8 月副高持续偏弱与高纬度北风异常和越赤道气流偏强造成的暖池对流偏强有关。与此相反,2013 年 8 月高纬度北风和越赤道气流均较弱,副高出现持续偏西偏强的态势,造成长江流域持续高温(第 9 章)。在上述两种异常情况下,暖池对流、低层环流和副高之间有一致的对应关系,暖池对流偏强(偏弱),西太平洋地区为气旋(反气旋)异常,副高减弱东退(加强西伸)。因此,在实际预测中,要特别注意两个因子的叠加影响。

10.2　一些问题

如上所述,除 ENSO 之外,副高的季节内变化还受到其他因子的影响,其中最直接的因子是北半球高纬度环流以及与热带环流有关的南半球环流。但与 ENSO 不同的是,这些因子均为天气尺度的扰动,持续时间较短。以前研究认为,这些因子与 ENSO 无关,但实际上这些因子还在一定程度上受到 ENSO 的影响和调制。如图 10.1 所示,由于 ENSO 发生在热带,该地区 500 hPa 位势高度场与冬季 Niño 3.4 指数呈显著正相关。除热带外,ENSO 还可以通过大气遥相关进一步影响到高纬度环流的变化,但与热带不同的是,高纬度的显著相关区在 6—8 月变化较大,这与高纬度环流的季节内变化有关。例如,Niño 3.4 指数与 6 月北美高纬度地区呈显著正相关,与 7 月南半球 3 波型环流的相关也很显著。另外,8 月西伯利亚地区出现一个显著相关区,而该区域的环流变化能影响到副高的季节内变化,如 2016 年 8 月期间(第 3 章)。因此,ENSO 还可能通过影响高纬度环流背景场来进一步影响东亚夏季风的季节内变化,这是以前研究中较少注意的问题,需要进一步研究。

东亚夏季风环流异常在 El Niño 衰减年最为显著,但与通过 Walker 环流直接影响印度夏

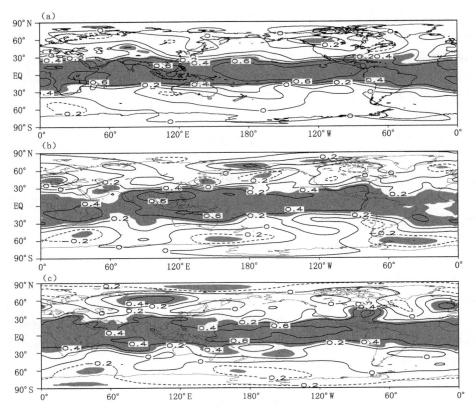

图 10.1　1979—2016 年 500 hPa 高度场与冬季 Niño 3.4 指数的相关
(a)6 月，(b)7 月，(c)8 月，阴影区为超过 95％显著性检验的区域

季风不同的是，其影响是通过热带印度洋和热带北大西洋 SST 异常间接实现的。在第 2 章 10 个 El Niño 衰减年春季和夏季，当 El Niño 信号在太平洋明显衰减之后，绝大多数年份春季印度洋开始变暖，但仅有个别年份热带北大西洋 SST 异常较为显著。这是因为 El Niño 能通过大气（Walker 环流）和海洋（印尼贯穿流）两条途径影响印度洋 SST 异常，而影响热带北大西洋 SST 异常仅能通过大气强迫来实现，二者存在显著不同。以 1982—1983 年和 2009—2010 年两个 El Niño 事件为例来说明 El Niño 强迫对大西洋 SST 异常的影响，这里取(30°～80°W，0°～20°N)区域平均作为热带北大西洋 SST 异常的指标。如图 10.2 所示，二者 Niño 3.4 在冬季峰值约为 2.1℃和 1.4℃，分别属于强和中等强度事件，但热带北大西洋最大 SST 异常却相反，1983 年和 2010 年在 4 月分别达到 0.4℃和 1.1℃。这是因为除 El Niño 影响外，两年热带北大西洋 SST 存在不同的演变过程，前一年春季二者均为弱的负异常，但从夏季开始，1982 年开始变冷，而 2009 年开始变暖。1982 年 11 月 SST 异常达到－0.6℃，从 12 月开始在 El Niño 影响下开始增暖，春季异常达到最大，但因前期偏冷，1983 年春季 SST 异常不如 2010 年显著。另一方面，若以 El Niño 衰减年 3—5 月和前一年 10—12 月平均 SST 异常之差作为衡量 El Niño 的影响指标，二者分别为 1.1℃和 0.8℃，这说明强 El Niño 对热带北大西洋 SST 影响更为显著。因此，在考虑大西洋 SST 异常对东亚夏季风影响时，必须综合考虑热带北大西洋 SST 的自身演变规律和 El Niño 的强迫作用，相关问题尚需进一步研究。

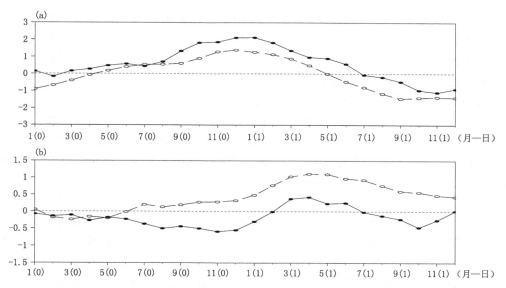

图 10.2　1982—1983 年(空心圆圈)和 2009—2010 年(实心圆圈)Niño 3.4 指数(a)和热带北大西洋海表温度异常(b)，图中横坐标括号内的 0 代表发展年，1 代表衰减年(℃)

　　另外值得注意的是，大西洋 SST 异常对东亚夏季风的影响过程和机理。一些模拟结果表明(Lu et al.，2005；容新尧等，2010)，大西洋 SST 异常主要是通过热带环流变化来影响东亚夏季风的异常。另外一些研究则指出大西洋 SST 异常和相关的北大西洋涛动还可以引起欧亚大陆的环流异常，如欧亚型遥相关变化和乌拉尔地区环流异常等，从而进一步影响到东亚夏季风的异常，强调了高纬度通道的重要性(杨修群等，1992；徐海明等，2001；Zuo et al.，2013)。图 10.1 中西伯利亚地区 8 月高度场与 ENSO 的显著相关区也可能与大西洋 SST 异常有关。因此，大西洋 SST 异常对东亚夏季风的影响可能存在两种不同的途径和过程，其影响过程和机理还需要深入研究。

　　由于 1979 年之后再分析资料同化了卫星观测资料，再分析资料质量较高，书中研究时期取为 1979—2016 年。但实际上气候系统还存在显著的年代际变化，特别是太平洋年代际振荡(Pacific decadal oscillation，PDO)不仅能影响到东亚夏季风的强度变化，还能影响到 ENSO 以及 ENSO 和东亚夏季风之间的联系。例如，在 PDO 位相偏冷时期，东亚夏季风偏强，在暖位相时东亚夏季风偏弱(陈红等，2013；Dong et al.，2016)。特别是在 20 世纪 70 年代末期 PDO 位相转换之后，东亚夏季风和中国东部夏季降水与 ENSO 的联系明显减弱(高辉等，2007)，同时与南半球环流的联系则显著增强(孙丹等，2013)。因此，气候系统的年代际背景能在一定程度上调制 ENSO 对东亚夏季风的影响，在气候系统发生年代际变化时，上述结果可能需要一定的修正。

10.3　东亚夏季风的季节内预测

　　东亚夏季风具有显著的年际变化，并直接影响到中国夏季降水异常分布和旱涝格局。因此，准确预测夏季风的爆发、进退及其强弱变化，对于制定合理的农业生产、防汛抗旱和相应的社会生产生活规划都至关重要。东亚夏季风的预测研究历来为中国气象学家所重视，早在 20

世纪 30 年代,涂长望利用当时有限的观测资料,研究了南方涛动与中国气候异常的关系及预测夏季旱涝的可能性(涂长望,1937)。自 20 世纪 90 年代起,曾庆存等(1990)开始尝试基于海气耦合模式进行东亚地区气候异常的跨季度预测试验,并取得了一定成功。随着气候系统模式的不断发展和预测方法的改进,东亚夏季风的预测水平已经取得很大进步(王会军等,2012)。目前,模式的预测水平在很大程度上仍然依赖于 ENSO 信号,而当 ENSO 信号较弱时,预测效果则较差。虽然积雪和土壤湿度等下垫面因子的引入可以在一定程度上提高预测水平,但并不能从根本上改变夏季风和 ENSO 系统的基本特征(Lau et al.,1998)。另一方面,虽然 ENSO 对亚洲季风系统有重要影响,但据估计整个亚洲夏季风降水异常仅约 30% 与 EN-SO 有关(Lau et al.,2001),如果考虑到热带夏季风与 ENSO 的相关远高于东亚夏季风,东亚夏季平均降水异常与 ENSO 的相关要更低。Goswami 等(2006)也指出亚洲夏季降水的季度可预测性在一定程度上受限于夏季风系统的季节内振荡。另外,由于东亚地区夏季降水还在很大程度上受到高纬度环流的影响,而高纬度环流变化的时间尺度较短,难以提供有价值的季度预测信号,这也在一定程度上降低了季度预测的可靠性。实际上,即使在强 El Niño 衰减年夏季,7—8 月间副高也会发生显著的月际变化。例如,由于高纬度环流变化的影响,2016 年副高从 7 月偏强逆转为 8 月偏弱,并影响到夏季降水分布(第 3 章)。因此,东亚夏季风的季度可预测性是相当有限的。

在实际预测过程中,中国科学院大气物理研究所等单位每年 3 月份组织有关专家进行汛期预测会商,但 5 月或 6 月也会根据当时大气环流的演变特征对汛期预测进行及时补充和修订,这其实就是季节内尺度的预测,只是未能明确提出东亚夏季风季节内预测的概念。从大气物理研究所发展的滚动式预测系统对过去几十年的回报结果看(陈红,2003),4—5 月起报要明显优于 2—3 月起报的预测效果,这也在一定程度上佐证了大气环流初始异常信息的重要性。因此,除季度预测之外,还必须加强东亚夏季风的季节内预测,即通过缩短预报时效来提高预报准确度。

天气预报主要关注 10 天之内的天气变化,东亚夏季风的季度预测主要关注夏季平均副高、东亚夏季风的强度以及东亚夏季降水异常等。季节内尺度介于上述两种时间尺度之间,预测对象理应有所不同。从书中诸多年份的分析结果看,有关东亚夏季风的季节内预测应主要关注以下一些内容。由于副高的两次北跳决定了梅雨的开始和结束,副高的北跳应成为季节内预测的主要对象之一(Su et al.,2011)。同时,鉴于梅雨期和盛夏期东亚夏季风环流发生了很大变化,影响气候异常的因子也有很大差异,应分别针对两个时期做出预报。在梅雨期,副高的东西振荡对降水分布有很大影响,影响因子包括南半球环流和欧亚大陆高纬度环流的变化以及南海和暖池的对流变化等。在盛夏期,应主要关注副高的月尺度持续异常及其影响,例如 2013 年盛夏期江南地区的持续高温等。

综上所述,在目前季度预测水平有限的情况下,不能仅仅依赖于季度预测结果,应当将季度(长期)、季节内尺度(中期)和天气尺度(短期)的预测相结合,发展长中短相结合的滚动式预测系统。考虑到目前天气预报已经业务化,应加强发展季节内尺度的预报系统,这样可以充分利用大气环流初始异常信息,从而进一步提高东亚夏季风和中国夏季降水的预测水平。

附　录

所用资料

1. 大气环流再分析资料,来源:美国国家环境预测中心和能源部,分辨率:2.5°×2.5°,时间:1979—2016 年(Kanamitsuet al. ,2002);

2. 向外长波辐射(OLR)再分析资料,来源:美国国家海洋和大气管理局,分辨率:2.5°×2.5°,时间:1979—2013 年(Liebmann and Smith,1996);

3. 月平均海表温度再分析资料,来源:同上,分辨率:2°×2°,时间:1979—2016 年(Smith et al. ,2008);

4. 全球降水再分析资料(CMAP),来源:美国国家气候预测中心,分辨率:2.5°×2.5°,时间:1979—2016 年(Xie and Arkin, 1997);

5. Niño 3.4 指数,来源:美国国家气候预测中心,时间:1979—2016 年;

6. 中国区域 160 个台站观测降水资料,来源:国家气候中心网站,(http://cmdp.ncc-cma.net/),时间:1979—2016 年。

参考文献

陈红,2003.IAP 跨季度一年度滚动式动力学气候预测系统及其实时预测试验[D]. 北京:中国科学院大气物理研究所.

陈红,薛峰,2013.东亚夏季风和中国东部夏季降水年代际变化的模拟[J]. 大气科学,**37**(5):1143-1153.

符淙斌,滕星林,1988.我国夏季的气候异常与厄尔尼诺/南方涛动现象的关系[J]. 大气科学,**12**(特刊):133-141.

高辉,薛峰,2006.越赤道气流的季节变化及其对南海夏季风爆发的影响[J].气候与环境研究,**11**(1):57-68.

高辉,王永光,2007.ENSO 对中国夏季降水可预测性变化的研究[J].气象学报,**65**(1):131-137.

刘长征,薛峰,2008.ENSO 发生发展阶段赤道西太平洋西风异常长时间维持的分析[J].气候与环境研究,**13**(2):161-170.

刘长征,薛峰,2010a.不同强度 El Niño 的衰减过程. I,强 El Niño 的衰减过程[J]. 地球物理学报,**53**(1):39-48.

刘长征,薛峰,2010b.不同强度 El Niño 的衰减过程. II,中等和较弱 El Niño 的衰减过程[J]. 地球物理学报,**53**(11):2564-2573.

刘长征,薛峰,2012.1993 年 El Niño 夭折事件与典型 El Niño 演变的对比分析[J]. 气候与环境研究,**17**(2):197-204.

容新尧,张人禾,Li T,2010.大西洋海温异常在 ENSO 影响印度—东亚夏季风中的作用[J].科学通报,**55**(4):1397-1408.

施宁,布和朝鲁,纪立人,等,2009.中高纬 Rossby 波活动对盛夏东亚/太平洋事件中期演变过程的影响[J].大气科学,**33**(5):1087-1100.

苏同华,薛峰,2010.东亚夏季风环流和雨带的季节内变化[J]. 大气科学,**34**(3):611-628.

苏同华,薛峰,刘锦绣,等,2017.无显著海温异常强迫下西太平洋副热带高压的异常变动:1980 年和 1981 年的对比分析[J]. 气候与环境研究,**22**(5),doi: 10.3878/j. issn. 1006－9585. 2017. 16215.

孙丹,薛峰,周天军,2013.不同年代际背景下南半球环流变化对中国夏季降水的影响[J]. 气候与环境研究,**18**(1):51-62.

涂长望,1937.中国天气与世界大气的浪动及其长期预告中国夏季旱涝的应用[J]. 气象,**13**(11):647-697.

涂长望,黄士松,1944.中国夏季风之进退[J]. 气象学报,**18**:81-92.

王会军,范可,郎咸梅,等,2012.我国短期气候预测的新理论、新方法和新技术[M]. 北京:气象出版社.

徐海明,何金海,董敏,2001.江淮入梅的年际变化及其与北大西洋涛动和海温异常的联系[J]. 气象学报,**59**:694-706.

徐亚梅,伍荣生,2003.南半球冷空气入侵与热带气旋的形成[J].气象学报,**61**(5):540-547.

薛峰,2005.南半球环流变化对东亚夏季风的影响[J]. 气候与环境研究,**10**(3):401-408.

薛峰,何卷雄,2005.南半球环流变化对西太平洋副高东西振荡的影响[J]. 科学通报,**50**(15):1660-1662.

薛峰,刘长征,2007. 中等强度 ENSO 对中国东部夏季降水的影响及其与强 ENSO 的对比分析[J].科学通报,**52**(23):2798-2805.

薛峰,何卷雄,2007.外热带大气扰动对 ENSO 的影响[J]. 地球物理学报,**50**(5):1311-1318.

薛峰,2008.强 La Niña 背景下的东亚夏季风异常与 1989 年和 1999 年中国夏季降水的对比分析[J]. 大气科学,**32**(3):423-431.

薛峰,段欣妤,苏同华,2017. El Niño 发展年和 La Niña 年东亚夏季风季节内变化的比较[J]. 气候与环境研究,doi:10. 3878/j. issn. 1006－9585. 2017. 17044.

杨修群,谢倩,黄士松,1992. 大西洋海温异常对东亚夏季大气环流影响的数值试验[J]. 气象学报,**50**:349-354.

曾庆存,袁重光,王万秋,等,1990.跨季度气候距平数值预测试验[J]. 大气科学,**14**(1),10-25.

曾庆存,张邦林,1998:大气环流的季节变化和季风[J]. 大气科学,**22**(6):805-813.

曾庆存,张东凌,张铭,等,2005. 大气环流的季节突变与季风的建立 Ⅰ. 基本理论方法和气候场分析[J]. 气候与环境研究,**10**(3):285-302.

张庆云,陶诗言,1998.亚洲中高纬度环流对东亚夏季降水的影响[J].气象学报,**56**(2),199-211.

赵俊杰,薛峰,林万涛,等,2016. El Niño 对东亚夏季风和夏季降水季节内变化的影响[J]. 气候与环境研究,**21**(6):678-686.

赵振国,1999.中国夏季旱涝及环境场[M]. 北京:气象出版社.

竺可桢,1934.东南季风与中国之雨量[J]. 地理学报,**1**(1):1-27.

Dong X, Xue F, 2016. Phase transition of the Pacific decadal oscillation and decadal variation of the East Asian summer monsoon in the 20th century[J]. *Adv Atmos Sci*, **33**(3):330-338.

Frankignoul C, 1985. Sea surface temperature anomalies, planetary waves, and air-sea feedback in the middle latitudes[J]. *Rev Geophy*, **23**(4): 357-390.

Gill A E, 1980. Some simple solutions for heat-induced tropical circulation[J]. *Quart J Roy Meteor Soc*, **106**: 447-462.

Goswami B N, Wu G, Yasunari T, 2006. The annual cycle, intraseasonal oscillations, and roadblock to seasonal predictability of the Asian summer monsoon[J]. *J Climate*, **19**: 5078-5099.

Huang R H, Wu Y F, 1989. The influence of ENSO on the summer climate change in China and its mechanism[J]. *Adv Atmos Sci*, **6**, 21-32.

Kanamitsu M, Ebisuzaki W, Woollen J, et al. 2002. NCEP-DOE AMIP-II Reanalysis (R－2)[J]. *Bull Amer Meteor Soc*, **83**: 1631-1643.

Kawatani Y, Ninomiya K, Tokioka T, 2008. The North Pacific subtropical high characterized separately for June, July and August: zonal displacement associated with submonthly variability[J]. *J Meteor Soc Japan*, **86**(4): 505-530.

Lau K M, Bua W, 1998. Mechanisms of monsoon-southern oscillation coupling: insights from GCM experiments[J]. *Climate Dynamics*, **14**: 759-779.

Lau K M, Wu H T, 2001. Principal modes of rainfall-SST variability of the Asian summer monsoon: A reassessment of the monsoon-ENSO relationship[J]. *J Climate*, **14**: 2880-2895.

Lau N C, Nath M J, 1990. A general circulation model study of the atmospheric response to extratropical SST anomalies observed in 1950－79[J]. *J Climate*, **3**: 965-989.

Lau N C, Nath M J, 2000. Impact of ENSO on the variability of the Asian-Australian monsoons as simulated in GCM experiments[J]. *J Climate*, **13**: 4287-4309.

Li S L, Ji L R, Lin W T, et al, 2001. The maintenance of the blocking over the Ural mountains during the second meiyu period of the summer of 1998[J]. *Adv Atmos Sci*, **18**(1):87-105.

Liebmann B, Smith C A, 1996. Description of a complete (interpolated) outgoing longwave radiation dataset [J]. *Bull Amer Meteor Soc*, **77**: 1275-1277.

Liu C Z, Xue F, 2010a. The decay of El Nino with different intensity. Part I, the decay of the strong El Nino [J]. *Chinese J Geophysics*, **53**(1):14-25.

Liu C Z, Xue F, 2010b. The decay of El Nino with different intensity. Part II, the decay of the moderate and relatively-weak El Nino[J]. *Chinese J Geophysics*, **53**(11)：915-925.

Lu R, 2001a. Interannual variability of the summertime north Pacific subtropical high and its relation to atmospheric convection over the warm pool[J]. *J Meteor Soc Japan*, **79**(3)：771-783.

Lu R, 2001b. Atmospheric circulations and sea surface temperatures related to the convection over the western Pacific warm pool on the interannual scale[J]. *Adv Atmos Sci*, **18**：270-282.

Lu R, Dong B, 2005. Impact of Atlantic sea surface temperature anomalies on the summer climate in the western North Pacific during 1997−1998[J]. *J Geophys Res*, **110**：D16102, doi：10. 1029/2004 JD005676.

Lu R, Ding H, Ryu C, Lin Z, Dong H, 2007. Midlatitude westward propagating disturbances preceding intraseasonal oscillations of convection over the subtropical western North Pacific during summer[J]. *Geophy. Res. Lett.* **34**, L21702, doi：10. 1029/2007GL031277.

Nitta T, 1987. Convective activities in the tropical western pacific and their impact on the northern hemisphere summer circulation[J]. *J Meteor Soc Japan*, **65** (3)：373-390.

Ogasawara T, Kawamura R, 2007. Combined effects of teleconnection patterns on anomalous summer weather in Japan[J]. *J Meteor Soc Japan*, **85**：11-24.

Okumura Y M, Deser C, 2010. Asymmetry in the duration of El Niño and La Niña[J]. *J Climate*, **23**：5826-5843.

Peng J B, 2014. An investigation of the formation of the heat wave in southern China in summer 2013 and the relevant abnormal subtropical high activities[J]. *Atmos Oceanic Sci Lett*, **7**：286-290.

Ropelewski C F, Halpert M S, 1987. Global and regional scale precipitation patterns associated with the El Niño/Southern Oscillation[J]. *Mon Wea Rev*, **115**：1606-1626.

Smith T M, Reynolds R W, Peterson T C, et al, 2008. Improvements to NOAA's historical merged land-ocean surface temperature analysis (1880−2006)[J]. *J Climate*, **21**：2283-2296.

Su T H, Xue F, 2011. Two northward jumps of the summertime western Pacific subtropical high and their associations with the tropical SST anomalies[J]. *Atmospheric and Oceanic Sciences Letters*, **4**(2)：98-102.

Suzuki S, Hoskins B, 2009. The large-scale circulation change at the end of the Baiu season in Japan as seen in ERA40 data[J]. *J Meteor Soc Japan*, **87**(1)：83-99.

Tao S Y, Chen L X, 1987. A review on the East Asian summer monsoon[M]. Krishnamurti T N, Chang C P, eds. Monsoon Meteorology. Oxford：Oxford University Press, 60-92.

Trenberth K E, 1997. The definition of El Niño[J]. *Bull Amer Meteor Soc*, **78**：2771-2777.

Ueda H, Yasunari T, Kawamura R, 1995. Abrupt seasonal change of large-scale convective activity over the western Pacific in the northern summer[J]. *J Meteor Soc Japan*, **73**(4)：795-809.

Webster P J, Yang S, 1992. Monsoon and ENSO：Selectively interactive systems[J]. *Quart J Roy Meteor Soc*, **113**：877-926.

Xie P, Arkin P A, 1997. Global precipitation：A 17−year monthly analysis based on gauge observations, satellite estimates, and numerical model outputs[J]. *Bull Amer Meteor Soc*, **78**：2539-2558.

Xie S−P, Hu K, Hafner J, Tokinaga H, Du Y, Huang G, Sampe T, 2009. Indian Ocean capacitor effect on Indo-western Pacific climate during the summer following El Niño[J]. *J. Climate*, **22**：730-747.

Xue F, Wang H J, He J H, 2004. Interannual variability of Mascarene high and Australian high and their influences on East Asian summer monsoon[J]. *J Meteoro Soc Japan*, **82**(4)：173-1186.

Xue F, Liu C Z, 2008. The influence of moderate ENSO on summer rainfall in eastern China and its comparison with strong ENSO[J]. *Chinese Science Bulletin*, **53** (5)：791-800.

Xue F, Zeng Q C, Huang R H, Li C Y, Lu R Y, Zhou T J, 2015. Recent advances in monsoon studies in China[J]. *Adv Atmos Sci*, **32**(2)：206-229.

Xue F，Fan F X，2016. Anomalous western Pacific subtropical high during late summer in weak La Niña years：Contrast between 1981 and 2013[J]. *Adv Atmos Sci*，**33**(12)：1351-1360.

Xue F，Zhao J，2017. Intraseasonal variation of the East Asian summer monsoon in La Niña years[J]. *Atmos Oceanic Sci Lett*，**10**(2)：156-161.

Zuo J Q，Li W J，Sun C H，Li X，Ren H L，2013. Impact of the North Atlantic sea surface temperature tripole on the East Asian summer monsoon[J]. *Adv Atmos Sci*，**30**(4)：1173-1186.